AF591971

ÉTUDES GÉOMÉTRIQUES

SUR LES

ÉTOILES FILANTES

PAR

C. M. GOULIER

CHEF DE BATAILLON DU GÉNIE, PROFESSEUR DE TOPOGRAPHIE ET DE GÉODÉSIE
A L'ÉCOLE IMPÉRIALE D'APPLICATION DE L'ARTILLERIE ET DU GÉNIE,
MEMBRE DE L'ACADÉMIE IMPÉRIALE DE METZ

(Extrait des Mémoires de l'Académie impériale de Metz, année 1866-67.)

METZ

F. BLANC, IMPRIMEUR DE L'ACADÉMIE IMPÉRIALE

1868

ÉTUDES GÉOMÉTRIQUES

SUR LES

ÉTOILES FILANTES

PAR

C. M. GOULIER

CHEF DE BATAILLON DU GÉNIE, PROFESSEUR DE TOPOGRAPHIE ET DE GÉODÉSIE
A L'ÉCOLE IMPÉRIALE D'APPLICATION DE L'ARTILLERIE ET DU GÉNIE,
MEMBRE DE L'ACADÉMIE IMPÉRIALE DE METZ

BIBLIOTHÈQUE IMPÉRIALE

(Extrait des Mémoires de l'Académie impériale de Metz, année 1866-67.)

METZ

F. BLANC, IMPRIMEUR DE L'ACADÉMIE IMPÉRIALE

1868

V

40531

ÉTUDES GÉOMÉTRIQUES

SUR LES

ÉTOILES FILANTES

INTRODUCTION.

On admet généralement que les météores filants sont les manifestations lumineuses de corpuscules cosmiques, qui circulent autour du Soleil et qui s'enflamment aux approches de la Terre. On distingue parmi eux les *météores sporadiques* et les *averses périodiques d'étoiles filantes,* telles que celles du 10 août et du mois de novembre ; nous nous occuperons surtout de ces dernières.

On a remarqué, pour celles-ci, que les prolongements des trajectoires de chaque groupe passent par un point du ciel d'où toutes semblent émaner, et que l'on a nommé le *point de radiation*. On a expliqué ces phénomènes et leur périodicité, par le passage de la Terre à travers des essaims de corpuscules qui circuleraient autour du Soleil groupés en anneaux plus ou moins incomplets. Ce serait alors, par un effet de perspective, que les trajectoires de ces corpuscules sembleraient diverger du point de radiation, quoique en réalité elles fussent parallèles au rayon visuel aboutissant à ce point, rayon qui donne la direction de leur *mouvement relatif*.

Nous acceptons ces hypothèses, et nous allons développer quelques-unes de leurs conséquences géométriques, se rapportant : 1° aux lois du mouvement des corpuscules, en tenant compte des perturbations qu'ils éprouvent, surtout de la part de la Terre et de la Lune ; 2° à la recherche de l'orbite qu'ils décrivent autour du Soleil ; 3° aux modes d'observation les plus convenables pour arriver à une précision bien supérieure à celle que l'on obtient des modes d'observation actuels ; 4° à la fréquence plus ou moins grande des météores, soit périodiques, soit sporadiques, suivant les lieux, les heures et les saisons ; 5° à la discussion de quelques observations et à l'explication de certaines particularités du phénomène. Puis nous terminerons par quelques conjectures sur l'identité des météores filants et des aérolithes.

Chemin faisant nous rencontrerons, soit comme corollaires, soit comme but de nos recherches, quelques conséquences remarquables que nous allons résumer.

Nous montrons d'abord, comme d'autres l'ont fait avant nous, que les étoiles filantes sont, pour les observateurs situés sur la Terre, des *phénomènes locaux,* et que le point de radiation n'est pas le point du ciel vers lequel marche la Terre, ce que l'on a écrit trop souvent, en généralisant à tort un aperçu de Encke. Puis, en étudiant les vitesses relatives des corpuscules, et les modifications que l'attraction de la Terre fait éprouver à leur mouvement, nous arrivons aux conclusions suivantes :

Le plus grand nombre des essaims doit avoir des mouvements rétrogrades ; cette condition et celle d'une vitesse relative assez grande, sont indispensables pour la conservation des essaims que la Terre traverse périodiquement. L'accélération de leur mouvement produite par l'attraction de la Terre, est identique pour tous les corpuscules d'un même essaim qui viennent rencontrer la limite de l'atmosphère, et cela quelle que soit la direction de cette rencontre. Mais cette attraction fait varier la position qu'occupe le point de radiation dans le ciel aux diverses heures d'une même nuit ; et, pour des essaims animés d'une faible vitesse relative, cet effet est assez considérable pour empêcher de reconnaître l'existence de leur point de radiation.

A cette cause de variation du point de radiation se joignent, pour déplacer sa position apparente dans le ciel, l'attraction de la Lune, la rotation de la Terre, la réfraction, les changements de direction absolue de la Terre et des corpuscules et la résistance de l'atmosphère. Toutes ces perturbations réunies ont une influence telle, que l'on ne peut tirer aucune conclusion sérieuse de positions de points de radiation, déduites de l'intersection de trajectoires lumineuses observées à des heures et, à plus forte raison, à des dates différentes, à moins que ces positions n'aient subi des corrections convenables.

L'étude de la résistance de l'air au mouvement des météores nous conduit à cette conséquence, opposée à une opinion très-répandue, que leurs trajectoires lumineuses sont sensiblement rectilignes.

L'étude du nombre des météores qu'un observateur peut voir, au même instant, quand la Terre traverse un essaim de densité uniforme, nous fait voir que, en chaque lieu d'observation, la fréquence apparente des météores sera d'autant plus grande que la distance zénithale du point de radiation y sera plus faible. Dans le cas d'une grande vitesse relative des corpuscules, la fréquence variera proportionnellement au cosinus de cette distance zénithale. Il faut avoir égard à cette loi quand on veut connaître, d'après le nombre des étoiles observées pendant chaque quart d'heure, par exemple, l'heure du passage de la Terre dans la partie la plus dense de l'essaim. Nous montrons encore que l'on verra bien rarement des météores filants appartenant à un essaim quand le point de radiation de celui-ci sera abaissé de plus de 6 à 7 degrés au-dessous de l'horizon, et que les météores qui traversent les hautes régions de l'atmosphère sans rencontrer la surface de la Terre, sont des exceptions rares.

Enfin, la discussion des heures auxquelles ont lieu les apparitions successives des averses de météores montre que, si des essaims de corpuscules agissent comme des écrans pour modifier les températures terrestres, leurs effets, au moment d'un passage, doivent être opposés pour des régions différentes, et, dans une même localité, ces effets peuvent être inverses pour des années successives.

Qu'y a-t-il de nouveau dans ces études, commencées en vue de l'explication de quelques faits d'observations, et qui ont pris peu à peu un développement que nous n'avions pas voulu leur donner dans le principe (*)? Nous l'ignorons, faute d'avoir à notre disposition les publications spécialement consacrées aux recherches astronomiques nouvelles. Comme d'ailleurs nous sortons ici du cercle de nos études habituelles, il y a de grandes chances pour que nous n'ayons atteint que par de longs détours, des buts auxquels de plus exercés seraient arrivés par des chemins plus directs. Nous espérons, toutefois, que quelques lecteurs voudront bien nous savoir gré d'avoir indiqué des procédés d'observation susceptibles d'une certaine précision, d'avoir réuni toutes les formules nécessaires pour la discussion de ces observations, et d'avoir traité tous ces sujets par des procédés géométriques, qui permettent de suivre pas à pas tous les développements des questions, et qui sont assez simples pour être compris et appliqués par des personnes à qui les méthodes de la mécanique céleste sont étrangères.

(*) Nous n'avons développé le sujet que pour permettre la discussion complète d'observations, qui sont projetées par la Commission des étoiles filantes de l'Académie impériale de Metz.

CHAPITRE PREMIER.

RECHERCHE DU MOUVEMENT ABSOLU DES CORPUSCULES.

§ I. — Cercle de visibilité des météores.

1. — Un météore filant n'est visible que d'une partie très-restreinte de la surface de la Terre. Nous allons démontrer cette proposition que nous invoquerons dans nos recherches ultérieures.

D'après M. le professeur Newton, de New-Haven, la hauteur moyenne des points milieux des trajectoires des météores est d'environ 100 kilomètres, et cet astronome regarde comme très-douteuses les observations desquelles on a conclu des hauteurs plus grandes que 200 kilomètres. Raisonnons sur la hauteur moyenne.

A cause des lois de la photométrie, quand une étoile filante placée au zénith d'un observateur paraît être de première grandeur, elle paraîtrait vingt-cinq fois plus faible, et elle serait par conséquent de quatrième à cinquième grandeur pour un observateur cinq fois plus éloigné d'elle, c'est-à-dire distant de 500 kilomètres. La géométrie montre d'ailleurs que, eu égard à la courbure de la Terre, l'étoile située à cette distance et à 100 kilomètres au-dessus du sol, paraîtrait élevée d'environ 9 degrés au-dessus de l'horizon de l'observateur. Or, si l'on fait attention à la puissance avec laquelle les couches inférieures de l'atmosphère absorbent les rayons lumineux qui les traversent, on comprendra que les étoiles filantes les plus brillantes, seront bien rarement visibles dans la partie du ciel qui ne s'élève qu'à cette hauteur de 9 degrés ; et que, bien rarement aussi, le rayon du *cercle de visibilité* de ces étoiles brillantes dépassera 500 kilomètres, soit de 4 à 5 degrés terrestres.

On conclut de là qu'une étoile filante est pour ainsi dire un *phénomène local,* visible d'une très-faible partie de la surface de la Terre; et l'on comprend comment, au mois de novembre 1837, de nombreux et brillants météores ont été vus en Angleterre et complétement invisibles en Prusse.

2. — On conçoit d'ailleurs que, toutes choses égales, le rayon du cercle de visibilité change avec la sérénité du ciel; et cette circonstance peut faire varier considérablement la fréquence des météores, puisque le nombre de ceux-ci qui, d'une station donnée, pourront être vus pendant une heure, augmentera, toutes choses égales d'ailleurs, plus rapidement que la surface du cercle de visibilité ou que le carré de son rayon. En effet, l'augmentation n'aura pas lieu seulement *en surface,* mais encore *en profondeur* puisque, dans une atmosphère plus pure, un observateur pourra distinguer, sur chaque rayon visuel, des petits météores dont la lumière eût été éteinte par une atmosphère moins transparente.

Les conséquences précédentes sont applicables aussi bien aux météores sporadiques qu'aux météores périodiques dont nous allons nous occuper principalement.

§ II. – Point de radiation instantané ; sa relation avec le mouvement absolu des corpuscules.

3. — A cause de la petitesse du cercle de visibilité, les corpuscules que, *pendant quelques minutes,* on voit briller à l'état de météores périodiques, forment dans leur essaim un *courant dont les dimensions transversales sont extrêmement faibles.* Pendant ce temps, les orbites que chacun d'eux décrit autour du Soleil peuvent être

considérées comme sensiblement parallèles, sans quoi ces corpuscules suivraient des directions divergentes qui amèneraient leur dispersion, et leur réunion serait non pas périodique mais seulement accidentelle. Nous verrons au paragraphe XI que l'attraction de la Terre modifie leurs directions, mais sans en détruire le parallélisme. Par suite, à un moment donné, leurs trajectoires doivent avoir dans le ciel un *point de radiation unique* (le point de fuite de la perspective).

Nous verrons que la position de ce point dans le ciel change progressivement pendant une nuit, et à plus forte raison pendant plusieurs nuits consécutives. Mais il n'en est pas moins vrai que, *à chaque instant,* il doit occuper dans le ciel une position définie que nous pouvons appeler le *point de radiation instantané.* C'est à celui-là que nos études s'appliquent.

4. — Le rayon visuel qui aboutit à ce point est à chaque instant parallèle à la direction des trajectoires lumineuses.

On a écrit souvent que cette direction est inverse de celle que suit la Terre dans l'espace. Cette généralisation erronée d'un aperçu de Encke a déjà été réfutée par d'autres. On sera convaincu de la fausseté de cette opinion si l'on remarque que, le 14 novembre 1866, entre une heure et demie et une heure trois quarts du matin, nous constations, à Metz, une direction apparente des météores faisant, avec celle de la Terre, un angle de 170 degrés, et que, pour les météores du 10 août 1865, d'après la position du point de radiation donnée par M. Alexandre Herschel, le même angle était de 138 degrés. On voit combien ces angles diffèrent de la valeur, 180 degrés, que l'on eût trouvée si la direction du *mouvement relatif* des corpuscules eût été inverse de celle de la Terre.

5. — Nous disons *mouvement relatif*, parce que, en effet, par suite du mouvement de la Terre dans l'espace, le point de radiation n'indique pas la direction du *mouvement absolu* des corpuscules, mais bien la direction de leur *mouvement relatif, la Terre étant supposée fixe:* c'est donc la résulante de leur mouvement absolu et de l'inverse de celui du lieu d'observation. Nous allons étudier l'un et l'autre de ces mouvements composants, en négligeant d'abord les perturbations produites, dans celui des corpuscules, par les attractions de la Terre et de la Lune, par la rotation de notre globe et par la résistance que l'atmosphère oppose au mouvement des météorites. Nous étudierons ensuite les effets de celles de ces causes perturbatrices qui peuvent être soumises au calcul ; nous en tirerons quelques conséquences importantes, et nous obtiendrons des formules de correction pour passer, des *éléments apparents*, aux *éléments du mouvement absolu non troublé* qui nous serviront, plus tard, pour la détermination des orbites planétaires des corpuscules.

§ III. — Calcul de la longitude de la direction suivie par le centre de la Terre (*).

6. — Prenons l'écliptique pour plan du tableau. Soient (Fig. 1) S le Soleil; T' et T'' les positions que la Terre occupe sur son orbite aux instants des midis moyens de deux jours consécutifs ; $T'\Upsilon'$, $T''\Upsilon''$ les positions de la ligne des équinoxes; $\Upsilon'T'S = L'$, $\Upsilon''T''S = L''$ les longitudes du Soleil pour ces deux moments; $ST' = \rho'$, $ST'' = \rho''$ les rayons vecteurs exprimés en parties du demi-grand axe a de l'orbite; l'arc $T'T''$ une portion de cette orbite

(*) Nous résolvons cette question par une voie détournée, qui conduit à une formule simple, fonction des seules données de la *Connaissance des temps*.

que la Terre parcourt dans le sens de la flèche ; T'G' et T''G'' les tangentes à cet arc, qui donnent les directions du mouvement du centre de la Terre en T' et en T'' ; T'A'' et T''A' des arcs de cercles ayant leurs centres en S. Comme ces trois arcs sont très-petits (ils ont environ 1 degré) et comme en même temps les rayons de courbure de l'orbite diffèrent peu des rayons vecteurs, on peut admettre que les tangentes, menées en T' et T'' à l'orbite et aux cercles, font des angles égaux avec les cordes T'A'', T'T'' et T''A'. Par conséquent on pourra poser

$$P'T'G' = A''T'T'' \quad \text{et} \quad P''T''G'' = T'T''A'.$$

Mais si l'on désigne par L_t' et L_t'' les longitudes des points G' et G'' vers lesquels se dirige la Terre placée en T' et T'', et par α' et α'' les deux angles P'T'G' et P''T''G'' que font ces directions avec les perpendiculaires aux rayons vecteurs, on aura

$$L_t' = L' - 90^o + \alpha', \qquad L_t'' = L'' - 90^o + \alpha'';$$

et, en général, à un instant quelconque de la journée, si L_s est la longitude du Soleil, L_t celle de la direction de la Terre, et α l'inclinaison de celle-ci sur la perpendiculaire au rayon vecteur, on aura

$$L_t = L_s - 90^o + \alpha.$$

Les deux angles α' et α'' sont d'ailleurs assez peu différents pour que, pendant toute la journée, on puisse prendre pour α la valeur moyenne,

$$\alpha = \frac{\alpha' + \alpha''}{2};$$

cherchons cette valeur.

On a

$$T''A'' = T'A' = \rho' - \rho'',$$

et, à cause de la petitesse de l'angle S, on peut considérer les triangles A″T′T″ et T′T″A′ comme rectangles en A″ et A′; on aura donc

$$\text{Tg}\,\alpha' = \text{Tg}\,\text{A}''\text{T}'\text{T}'' = \frac{\rho' - \rho''}{\text{A}''\text{T}'},$$

$$\text{Tg}\,\alpha'' = \text{Tg}\,\text{A}'\text{T}''\text{T}' = \frac{\rho' - \rho''}{\text{A}'\text{T}''},$$

et à cause de la petitesse de α' et α'',

$$\frac{\alpha'}{1'} = \frac{\rho' - \rho''}{\text{A}''\text{T}' \sin 1'}, \qquad \frac{\alpha''}{1'} = \frac{\rho' - \rho''}{\text{A}'\text{T}'' \sin 1'};$$

d'où, sans erreur appréciable

$$\frac{\alpha}{1'} = \frac{\alpha' + \alpha''}{2 \times 1'} = \frac{\rho' - \rho''}{\frac{\text{A}''\text{T}' + \text{A}'\text{T}''}{2} \sin 1'},$$

ou bien

$$\frac{\alpha}{1'} = \frac{(\rho' - \rho'')\left(\frac{\rho' + \rho''}{4}\right)}{\left(\frac{\text{A}''\text{T}' + \text{A}'\text{T}''}{2}\right)\left(\frac{\rho' + \rho''}{4}\right) \sin 1'}.$$

Mais le facteur de sinus $1'$ dans le dénominateur du second membre, exprime l'aire T′ST″ décrite par le rayon vecteur pendant un jour moyen; c'est une quantité constante, égale au quotient de l'aire de l'orbite, soit $\pi\sqrt{1 - e^2}$, par la durée de l'année, soit 365,25 jours. Si l'on met cette expression dans la formule, en remplaçant l'excentricité e par sa valeur 0,01677, on trouve

$$\frac{\alpha}{1'} = \frac{(\rho' - \rho'')(\rho' + \rho'') \times 365{,}25}{4\varpi\sqrt{1 - (0{,}01677)^2} \sin 1'}.$$

Tout calcul fait on obtient

$$\frac{\alpha}{1'} = (\rho' - \rho'')(\rho' + \rho'') \times 99932,$$

ou, en nombre rond

$$\frac{\alpha}{1'} = (\rho' - \rho'')(\rho' + \rho'') \times 100000.$$

Pour utiliser cette expression, on cherchera dans la *Connaissance des temps,* par interpolation, la longitude L_s du Soleil qui correspond à l'heure de l'observation. On y prendra en même temps les rayons vecteurs ρ' et ρ'' pour les deux midis consécutifs qui comprennent celle-ci ; et avec ces éléments on aura, pour la longitude L_t du point vers lequel la Terre se dirige

$$(1) \qquad L_t = L_s - 90^\circ + (\rho' - \rho'')(\rho' + \rho'') \times 100000 \times 1'.$$

Expression dans laquelle le dernier terme exprime un nombre de minutes, et sera pris positivement ou négativement, suivant que le rayon vecteur d'un jour donné, sera plus petit ou plus grand que celui de la veille.

§ IV. — Calcul de la vitesse de translation de la Terre.

7. — Cherchons V_1 vitesse de translation de la Terre au point de son orbite pour lequel le rayon vecteur est ρ_1. Si ce rayon est exprimé, comme tout à l'heure, en parties du demi-grand axe, et si l'on désigne par μ l'attraction du Soleil à l'unité de distance, on a (*Mécanique* de Duhamel, tome II, art. 28)

$$(2) \qquad V_1^2 = \frac{\mu}{a}\left(\frac{2}{\rho_1} - 1\right),$$

d'où

$$V_1 = \sqrt{\frac{\mu}{a}}\sqrt{\frac{2 - \rho_1}{\rho_1}}.$$

Mais on a aussi (*Mécanique* de Duhamel, tome II, art. 28)

$$\sqrt{\frac{\mu}{a}} = \frac{2\Pi a}{T}.$$

Expression dans laquelle $T = 86400 \times 365^j,25$ = le nombre de secondes compris dans l'année, $a = 23176r$, r étant le rayon de l'équateur et la parallaxe solaire étant prise $= 8'',9$; on a d'ailleurs $r = 6377$ kilomètres. Si nous substituons ces nombres aux lettres, et que nous effectuions les calculs, la formule (2) devient

$$(3) \qquad V_1 = 29^{kil},427 \sqrt{\frac{2-\rho_1}{\rho_1}}.$$

Dans cette expression, ρ_1 est le rayon vecteur donné par la *Connaissance des temps*, pour l'heure de l'observation.

§ V. — Calculs de la vitesse de translation des corpuscules, et du demi-grand axe de leur orbite.

8. — Soient A le demi-grand axe de l'orbite des corpuscules, exprimé en parties de a demi-grand axe de l'orbite terrestre, et W_1 la vitesse de ces corpuscules à la distance ρ_1 du Soleil. On sait que l'on a (*Mécanique* de Duhamel, tome II, art. 28)

$$W_1 = \sqrt{\frac{\mu}{a}} \sqrt{\frac{2}{\rho_1} - \frac{1}{A}}.$$

Si l'on met à la place de $\sqrt{\frac{\mu}{a}}$ la valeur trouvée ci-dessus, cette expression devient

$$(4) \qquad W_1 = 29^{kil},427 \sqrt{\frac{2 - \frac{\rho_1}{A}}{\rho_1}}.$$

9. — Cette formule prouve l'identité des vitesses W_1, à la même distance ρ_1 du Soleil, pour les corpuscules d'un même essaim dont les orbites auront des demi-grands axes A sensiblement égaux. Elle établit, entre la vitesse absolue des corpuscules et le grand axe de leurs orbites, une relation qui permettrait de conclure A de W_1, après que cette vitesse aurait été déduite de la vitesse relative observée. Mais comme cette dernière ne peut être obtenue que par des observations excessivement courtes et fugitives, il est plus que douteux que l'on parvienne jamais à des valeurs d'une précision suffisante. Habituellement, c'est A que l'on se donnera à l'avance, ou plutôt que l'on déduira de considérations sur la périodicité du phénomène. Soient alors T le temps présumé de la révolution entière d'un essaim de météores, on aura, par la troisième loi de Képler

$$\frac{T^2}{(1\ \text{an})^2} = \frac{A^3}{a^3}.$$

D'où, en faisant, comme ci-dessus, $a = 1$

$$A = \sqrt[3]{\frac{T^2}{(1\ \text{an})^2}}. \tag{5}$$

10. — Si l'on veut le rapport des vitesses des corpuscules et de la Terre, à la même distance ρ_1 du Soleil, on tirera des équations (3) et (4)

$$\frac{W_1}{V_1} = \sqrt{\frac{2 - \frac{\rho_1}{A}}{2 - \rho_1}}. \tag{6}$$

Pour la discussion approximative, nous pouvons remplacer ρ_1 par l'unité, dont il ne diffère que de $\frac{1}{60}$ au plus; nous aurons ainsi, à peu près

$$\frac{W_1}{V_1} = \sqrt{2 - \frac{1}{A}}. \tag{7}$$

On conclut de cette expression que, si $A = 1$, c'est-à-dire si le grand axe des orbites des météores est égal à celui de l'orbite terrestre, on a sensiblement

$$W_1 = V_1.$$

Si l'on a $A = \frac{1}{2}$, c'est-à-dire si le grand axe des orbites des corpuscules est égal au rayon vecteur de la Terre, et que, par suite, la rencontre avec celle-ci ait lieu à l'aphélie, on aura

$$W_1 = \text{zéro}.$$

Si $A = \infty$, c'est-à-dire si les corpuscules décrivent des orbites paraboliques, on aura

$$W_1 = V_1\sqrt{2} = 1{,}4V_1.$$

Si A était négatif, c'est-à-dire si les corpuscules décrivaient des orbites hyperboliques, on aurait

$$W_1 > 1{,}4V_1.$$

Mais l'exemple des mouvements cométaires nous engage à négliger cette dernière hypothèse, qui rendrait les corpuscules étrangers à notre système solaire. Alors nous conclurons de ce qui précède, que *la vitesse absolue dont peuvent être animés les corpuscules, quand leur distance au Soleil est la même que celle de la Terre, variera habituellement entre zéro et une fois et quatre dixièmes celle de notre globe.*

§ VI. — Conséquences du mouvement relatif des corpuscules tel qu'il est observé de la Terre.

11. — Étudions maintenant les vitesses relatives, telles qu'on les observerait pour les corpuscules qui viennent rencontrer la Terre supposée fixe, en faisant abstrac-

tion des causes d'accélération et de ralentissement dues à l'attraction de notre globe et à la résistance de son atmosphère.

Soient (Fig. 2) T la Terre, dont la direction et la vitesse sont représentées par TV; C un corpuscule qui marche à la rencontre de T, dans la direction et avec la vitesse relatives représentées par CT. Si nous faisons le parallélogramme TVCI, dont CT est la diagonale, CV représentera la direction et la vitesse absolue du corpuscule. Et, réciproquement, CV et CI représentant la vitesse absolue du corpuscule et l'inverse de celle de la Terre, CT exprimera le mouvement relatif de celui-là.

12. — Considérons maintenant les figures 3, 4 et 5 dans chacune desquelles les vitesses absolues, CV, des corpuscules ont des directions diverses, mais conservent des valeurs constantes; la vitesse étant, pour la figure 3, égale à celle de la Terre, pour la figure 4, moitié de celle-ci, et pour la figure 5, une fois et quatre dixièmes celle de notre globe. Dans chacune de ces figures, les directions et les vitesses relatives seront exprimées par les droites TC. Or, dans les deux premiers cas, on voit que le mouvement relatif des corpuscules sera nécessairement rétrograde; dans le dernier cas, il ne sera direct que pour les corpuscules dont les directions seront à gauche de C_4TC_4'; et, pour ceux-ci, les vitesses relatives seront toujours inférieures à celle de la Terre; car si l'on admet que $VC_6 = TV\sqrt{2}$, on aura $TC_4 = TV$.

On voit donc, en généralisant, *que c'est seulement* DANS UN PETIT NOMBRE DES CAS *où la vitesse des corpuscules est supérieure à celle de la Terre, que leur mouvement relatif peut être direct, et que, dans ces cas-là, leur vitesse relative est toujours moindre que celle de la Terre.* **Dans tous**

BIBLIOTHÈQUE ... IMPR.

les autres cas, QUI SONT DE BEAUCOUP LES PLUS NOMBREUX, *leur mouvement sera* RÉTROGRADE *et leur vitesse relative pourra varier entre zéro* (Fig. 3) *et deux fois et quatre dixièmes* (Fig. 5) *celle de la Terre; avec cette circonstance que, dans le cas des vitesses absolues égales à celle de la Terre ou plus grandes qu'elle* (Fig. 3 et 5) (et nous verrons au paragraphe IX que telles sont probablement les vitesses des essaims périodiques), *les plus faibles vitesses rétrogrades correspondront toujours à des mouvements relatifs faisant, avec la direction suivie par la Terre, des angles voisins de 90 degrés.*

§ VII. — Calcul de la vitesse relative des corpuscules et de leur direction absolue dans l'espace.

13. — Considérons la figure 6, dans laquelle O représente la Terre, ♈TR'S'C' l'écliptique, Π son pôle, O♈ la ligne des équinoxes. Soient $L_t =$ ♈T la longitude du point du ciel vers lequel marche la Terre; $V_1 = Ot$ la vitesse de translation de celle-ci; $L_c =$ ♈C' la longitude et $\lambda_c =$ CC' la latitude du point C d'où viendraient réellement les corpuscules; $W_1 = Oc$ la vitesse réelle qu'ils auraient dans leurs orbites, à la distance du Soleil égale au rayon vecteur de la Terre, et abstraction faite de l'attraction de celle-ci. Le parallélogramme $tOcr$, construit sur Ot et Oc, aura pour diagonale Or qui exprime, par sa longueur et sa direction, la vitesse relative φ des corpuscules, et par sa rencontre en R, avec la sphère céleste, le point du ciel d'où ils sembleraient venir si des perturbations ne changeaient pas cette position. Soient $L_r =$ ♈R' et $\lambda_r =$ RR' la longitude et la latitude de ce point, coordonnées que l'on peut conclure

de ses coordonnées équatoriales Æ et D, par des formules connues (*).

On doit remarquer que les trois points T, R et C sont sur un grand cercle qui est l'intersection de la sphère par le plan du parallélogramme, et que les arcs TR et RC mesurent respectivement les angles plans tOr et rOc ou son égal trO.

Dans le triangle TRR', qui est rectangle en R', on a $TR' = L_r - L_t$, $RR' = \lambda_r$, et, par suite

$$(8) \qquad \operatorname{Cos} TR = \cos\lambda_r \cos(L_r - L_t),$$

$$(9) \qquad \operatorname{Cos} RTR' = \frac{\operatorname{Tg}(L_r - L_t)}{\operatorname{Tg} TR}.$$

Puis, dans le triangle rectiligne trO, et en ayant égard aux valeurs indiquées ci-dessus pour les angles et les côtés, on a

$$(10) \qquad \operatorname{Sin} RC = \sin trO = \sin TR \frac{V_1}{W_1};$$

puis

$$(11) \qquad \varphi = Or = W_1 \frac{\sin rtO}{\sin tOR} = W_1 \frac{\sin(TR + RC)}{\sin TR}.$$

14. — Si dans les formules (8) à (10) on introduit les coordonnées apparentes d'un point de radiation ob-

(*) Soient Ω l'obliquité de l'écliptique et x un angle auxiliaire donné par la relation

$$\operatorname{Tg} x = \cot D \sin Æ.$$

On aura

$$\operatorname{Sin}\lambda = \frac{\sin D}{\cos x}\cos(\Omega + x), \qquad \operatorname{Tg} L = \frac{\operatorname{tg} Æ}{\sin x}\sin(\Omega + x),$$

et, comme vérification

$$\operatorname{Tg}\lambda = \sin L \cot(\Omega + x).$$

(*Trigonométrie* de Cagnoli, deuxième édition, nos **1449** et **1450**.)

servé, on en conclura, avec une approximation suffisante, les valeurs de φ qui entrent dans les formules de correction que nous étudierons bientôt. Puis, si l'on fait usage des coordonnées corrigées du point radiant, on obtiendra, par (10), la valeur exacte de RC qui fixera la position du point C dans le ciel.

Pour obtenir les coordonnées écliptiques de ce point, considérons le triangle CTC′, rectangle en C′, dans lequel on connaît l'angle RTR′, qui est déterminé par (9), et l'hypoténuse TC qui est égale à TR + RC, arcs déterminés par (8) et (10). Ce triangle donne

$$(12) \qquad \operatorname{Sin}\lambda_c = \sin CC' = \sin(TR + RC)\sin RTR',$$

$$(13) \qquad \operatorname{Tg}(L_c - L_t) = \operatorname{Tg} TC' = \cos RTR' \operatorname{Tg}(TR + RC),$$

d'où

$$(14) \qquad L_c = L_t + TC'.$$

On doit remarquer que si les calculs précédents sont menés de front, on n'aura à ouvrir les tables qu'un petit nombre de fois pour y trouver les logarithmes nécessaires, ce qui simplifie beaucoup le calcul.

§ VIII. — Modification que l'attraction de la Terre fait éprouver à la vitesse relative des corpuscules.

15. — Dans ce qui précède, nous avons fait abstraction de l'influence exercée, par l'attraction de la Terre, sur le mouvement des corpuscules. Cherchons, sans aborder à ce propos le problème des trois corps, à nous rendre compte des effets de cette attraction.

Soient $r = 6366^{km}$ le rayon de la Terre; $R = r + 100^{km}$ la distance moyenne de son centre aux points milieux des trajectoires des météores; g et g' les intensités de la pesanteur aux distances r et R. On aura

$$gr^2 = g'R^2.$$

Supposons d'abord qu'un mobile, animé d'une vitesse relative φ, parte de l'infini dans la direction du centre de la Terre que nous supposons immobile; soit V sa vitesse à la distance D du globe terrestre. On aura (*Mécanique* de Duhamel, tome I, art. 226)

$$V^2 = \frac{2gr^2}{D} + \varphi^2 = \frac{2g'R^2}{D} + \varphi^2.$$

Appelons les vitesses du mobile, pour $D = R$, v ou Φ suivant que les vitesses initiales sont respectivement zéro ou φ; nous déduirons de l'équation précédente

(15) $$v^2 = \frac{2gr^2}{R} = 2g'R; \quad \text{d'où} \quad v = 11^{km},09;$$

(16) $$\Phi^2 = v^2 + \varphi^2.$$

Comparons cette dernière vitesse du mobile, tant avec sa vitesse initiale φ, qu'avec les vitesses qu'il possède aux distances $D = 2500r$ et $= 208r$, distances qui sont environ les longueurs d'arcs de 6 degrés et un demi-degré d'amplitude pris sur l'orbite de la Terre, nous aurons le tableau suivant :

VITESSES RELATIVES INITIALES φ (*)		VITESSES POUR D =			
		∞	$2500\,r$	$208\,r$	R
		km.	km.	km.	km.
Nulle	=	0	0,22	0,78	11,1
Le sixième de celle de la Terre	=	5	5,005	5,06	12,2
Moitié de celle de la Terre	=	15	15,002	15,02	18,7
Égale à celle de la Terre	=	30	30,001	30,01	32,0
2 fois et $\frac{4}{10}$ celle de la Terre	=	72	72,000	72,004	72,8

(*) Nous prenons la vitesse de la Terre pour terme de comparaison, en portant sa valeur à 30^{km} en nombre rond.

De l'inspection des chiffres de ce tableau on conclut que, pour un corpuscule cosmique qui descend vers le centre de la Terre animé d'un mouvement rectiligne uniforme, la presque totalité de la modification, que l'attraction de notre globe fait éprouver à sa vitesse, se produit à partir du moment où la distance des deux corps est moindre que la longueur d'un arc d'un demi-degré pris sur l'orbite terrestre. Si maintenant nous voulons passer à l'étude des modifications, que la même attraction produit dans le mouvement relatif réel des deux corps, supposons d'abord que la Terre et le corpuscule décrivent leurs orbites *non troublées*, c'est-à-dire que, malgré leur rapprochement, celui-ci ne soit pas attiré par celle-là. Pendant qu'ils passeront de la distance $208r$ à leur plus grande proximité, chacun d'eux décrira, sur son orbite, un arc de moins de un demi-degré ; et, eu égard au but que nous nous proposons, nous pourrons considérer ces arcs comme rectilignes et décrits avec une vitesse uniforme. Pendant ce même temps, nous pourrons donc considérer le corpuscule comme étant animé par rapport à la Terre, *d'un mouvement relatif rectiligne avec une vitesse constante*. Puis si, pendant ce même temps, nous faisons intervenir l'attraction de la Terre, celle-ci va modifier *la vitesse* et *la direction de ce mouvement primitif*, de quantités que nous nous proposons de calculer. Mais pour cela, au lieu de supposer que l'attraction de la Terre commence à la distance $208r$, nous supposerons qu'elle s'exerce sur le corpuscule venant de l'infini et animé d'ailleurs de la vitesse relative constante dont nous venons de parler. Cela simplifiera les calculs sans en changer notablement les résultats, ainsi qu'on peut l'induire de la remarque par laquelle nous avons commencé cet alinéa et de l'examen des inflexions calculées dans le tableau du n° 21.

16. — Dans cette dernière hypothèse, lorsque la direction initiale du corpuscule ne sera pas un rayon terrestre, l'orbite qu'il décrira sera une hyperbole, ayant pour foyer le centre de la Terre et pour asymptote la direction du mouvement primitif. La vitesse V, en un point quelconque de l'orbite sera donnée (*Mécanique* de Duhamel, tome II, art. 28) par l'expression

$$V^2 = \mu'\left(\frac{2}{\rho} + \frac{1}{a'}\right), \tag{17}$$

dans laquelle $\mu' = gr^2 = g'R^2$ est l'attraction à l'unité de distance, ρ le rayon vecteur, et a' la moitié du premier axe.

Si dans cette expression on fait $\rho = \infty$, on devra avoir $V = \varphi$; par suite cette équation (17) donnera

$$a' = \frac{gr^2}{\varphi^2},$$

ou, en vertu de l'équation (15) ci-dessus

$$a' = \frac{R}{2}\frac{v^2}{\varphi^2}, \tag{18}$$

v étant toujours la vitesse acquise, à la distance R du centre de la Terre, par un mobile partant de l'infini, avec une vitesse nulle et soumis à l'action de la pesanteur. Et il importe de remarquer que v est sensiblement le même pour toutes les étoiles filantes, quelle que soit l'altitude de leur combustion, puisque pour $R - r =$ 100km on trouve $v =$ 11kil,09, et pour $R - r =$ 200kil, que M. Newton considère comme un maximum, on a $v =$ 11kil,00.

17. — La dernière équation montre que les *hyperboles décrites par tous les corpuscules qui partiraient de l'infini,*

avec la même vitesse φ, auraient les mêmes valeurs de a', c'est-à-dire des premiers axes identiques.

Alors de l'équation (17) on conclut, à cause de la constance de a', que *pour tous ces corpuscules la vitesse serait identique lorsqu'ils atteindraient une sphère d'un rayon ρ quelconque.*

On conclut de là que *tous les corpuscules d'un même essaim qui, pendant un temps limité, s'enflammeront dans l'atmosphère, devront être animés de la même vitesse,* car nous avons vu (§ V) que les vitesses primitives de ces corpuscules devaient être identiques, et nous venons de voir que, quelle que soit leur hauteur d'inflammation, l'accélération produite par la Terre sera sensiblement la même.

Enfin, de la formule (17) on conclut encore, ce qui au reste est vrai pour tout mouvement planétaire, que *le maximum de vitessse des corpuscules aura lieu pour ρ minimum, c'est-à-dire lorsqu'ils passeront au sommet de l'hyperbole; et que, à partir de là, la vitesse diminuera progressivement pour reprendre la valeur initiale, quand ils se seront suffisamment écartés de la Terre.*

18. — Si dans l'équation (17) on met la valeur de a' donnée par l'équation (18) et si l'on y remplace ρ par R, et V par Φ, vitesse du mobile à la distance R, on aura

$$\Phi^2 = g'R^2\left(\frac{2}{R} + \frac{2\varphi^2}{Rv^2}\right) = 2g'R\left(1 - \frac{\varphi^2}{v^2}\right),$$

et à cause de (15)

$$\Phi^2 = v^2 + \varphi^2. \qquad (19)$$

Formule identique à celle (16) que nous avons trouvée ci-dessus, pour le mouvement rectiligne, et qui donne la vitesse relative des météores filants modifiée par l'attraction de la Terre.

La dernière colonne du tableau du numéro 15 est calculée par la formule précédente. Or la comparaison des chiffres de cette colonne, avec les valeurs de la vitesse initiale φ, montre que, *quand cette vitesse est considérable, elle est peu modifiée par l'attraction de la Terre.*

19. — Les considérations précédentes peuvent être appliquées à l'attraction de la Lune. Si l'on remplace dans la formule (15), g par l'attraction à la surface de la Lune, r et R par le rayon de notre satellite, on trouve que, pour un mobile qui atteint sa surface, après être parti de l'infini avec une vitesse nulle, la vitesse produite par l'attraction lunaire est de 2kil,47, soit les $\frac{2}{9}$ seulement de celle que nous avons calculée pour l'action de la Terre. On en conclura que les variations de vitesse que la Lune fait éprouver aux corpuscules qui passent dans son voisinage sont beaucoup plus faibles que celles que nous venons de constater pour l'action de notre globe. Aussi peut-on admettre que *cet effet d'accélération aura complétement cessé lorsque les corpuscules nous atteindront, excepté toutefois pour ceux qui seront animés d'une très-faible vitesse relative.* Mais nous verrons, au n° 27, que pour ceux-là le point de radiation ne peut que difficilement être reconnu ; par conséquent il sera rare qu'on puisse leur appliquer nos recherches.

§ IX. — Modification que l'attraction de la Terre fait éprouver à la direction des corpuscules.

20. — Cherchons d'abord comment l'attraction de la Terre modifie la direction initiale des corpuscules.

Nous avons vu (nos 16 et 17) que toutes les hyperboles décrites par les corpuscules ont pour foyer commun le centre de la Terre, pour longueur d'axe la même valeur $2a'$, et que l'une des asymptotes est parallèle à la direction initiale du mouvement.

Soient (Fig. 7) F ce foyer, FO la parallèle à l'asymptote CA de l'une des hyperboles dont le centre est C; menons EC perpendiculaire sur FO. Le triangle rectangle CEF est identique au triangle CSB formé avec les deux demi-axes a' et b'; donc

$$\text{FE} = a' \quad \text{et} \quad \text{EC} = b'.$$

Par suite si nous prenons, sur le prolongement de FO, FE $= a'$ et si nous élevons EC perpendiculaire à EO, nous pourrons prendre un point quelconque C, sur EC, pour centre de l'une des hyperboles considérées, et pour celle-ci on aura

$$\text{CE} = b', \quad \text{CF} = c' = \sqrt{a'^2 + b'^2}.$$

Pendant que le corpuscule décrira sa trajectoire, la direction de son mouvement changera progressivement. Lorsqu'il arrivera en un point M le changement éprouvé par sa direction initiale sera égal à l'angle TMI, formé par la tangente TM à la trajectoire et par la parallèle MI à l'asymptote; nous appellerons cet angle *l'inflexion* de la direction (*) et nous le désignerons par i.

21. — Considérons d'abord l'inflexion totale éprouvée par la direction d'un corpuscule qui, ne rencontrant pas la Terre, décrira la branche entière de l'hyperbole. Les directions initiale et finale seront les deux asymptotes AC et CA', de sorte que l'inflexion sera GCA, angle de ces deux lignes; nous désignerons cet angle par I.

(*) Le mot déviation eût été plus convenable, mais il a déjà une autre signification en mécanique.

On aura

$$GCA = I = 2ECF.$$

Mais

$$TgECF = \frac{a'}{b'}.$$

Donc

$$Tg\frac{I}{2} = \frac{a'}{b'}.$$

Remplaçons a' par sa valeur (18), il vient

$$(20) \qquad Tg\frac{I}{2} = \frac{R}{2b'}\frac{v^2}{\varphi^2}.$$

On conclut, de cette expression, cette conséquence qui, à la vérité, n'exigeait pas de démonstration, que *l'inflexion totale de la trajectoire d'un corpuscule sera d'autant plus grande que b' sera plus petit ou que la direction initiale du corpuscule passera plus près du centre de la Terre.*

Le maximum aura lieu pour le corpuscule qui rasera l'atmosphère, ou pour la trajectoire duquel on aura $FS = R$. Cherchons la valeur de cette inflexion maximum.

On aura alors

$$FS = \sqrt{a'^2 + b'^2} - a' = R,$$

d'où

$$b' = \sqrt{R^2 + 2a'R};$$

ou, à cause de la valeur (18) de a'

$$b' = \frac{R}{\varphi}\sqrt{\varphi^2 + v^2}.$$

Substituant dans (20) nous aurons

$$(21) \qquad Tg\tfrac{1}{2}I = \frac{v^2}{2\varphi\sqrt{\varphi^2 + v^2}}, \quad \text{ou} \quad \sin\tfrac{1}{2}I = \frac{v^2}{v^2 + 2\varphi^2}.$$

Avec les deux formules (20) et (21) nous calculons le

tableau suivant, dans lequel les valeurs de b', 394R, 32,8R et 4,1R sont les longueurs respectivement parcourues par le centre de la Terre en 24^h, 2^h et 15^{min}.

φ = Vitesses initiales relatives des corpuscules.		I = INFLEXIONS TOTALES éprouvées par les trajectoires pour les valeurs de b' =			
Rapports avec celle de la Terre	Valeurs en kilomètres	394R	32,8R	4,1R	$\frac{R}{\varphi}\sqrt{\varphi^2+v^2}$
	kil.				
0,0	0	180°00′00″	180°00′,0	180°00′	180°00′
0,167	5	0°42′56″	8°34′,6	61°55′	90°38′
0,5	15	0°04′46″	0°57′,3	7°37′	24°40′
1,0	30	0°01′12″	0°14′3	1°55′	7°18′
2,4	72	0°00′12″	0°02′,5	0°20′	1°20′

22. — De l'examen des chiffres de ce tableau, on tire les conclusions suivantes :

1° *Lorsque la vitesse relative initiale des corpuscules est nulle, l'inflexion totale leur fait rebrousser chemin. Ce cas correspond au mouvement relatif des corpuscules dans des courbes paraboliques* (Fig. 8) ;

2° *L'inflexion totale diminue rapidement à mesure que la vitesse initiale augmente;*

3° *Pour de faibles vitesses, cette inflexion est tellement grande, même pour les corpuscules qui passent loin du centre de la Terre, que l'action de notre globe devrait produire rapidement la dispersion d'un essaim qu'il rencontrerait périodiquement avec une faible vitesse relative. C'est, au reste, ce que montre la figure 9 construite pour le cas $\varphi = 15$ kilomètres.*

4° *Par suite, les essaims que la Terre rencontre périodiquement depuis un temps reculé doivent avoir des vitesses relatives assez grandes, ce qui implique la condition d'un mouvement rétrograde* (n° 12), *ou bien ils doivent avoir des dimensions extrêmement considérables pour qu'ils aient pu subsister malgré la dispersion périodique d'une grande partie de leurs éléments.*

§ X. — Déplacement du point de radiation, dû à l'attraction de la Lune.

23. — La Lune infléchira aussi les trajectoires des corpuscules qui passeront dans son voisinage. Or, à cause de la distance qui sépare la Lune de la Terre, les corpuscules qui atteindront celle-ci seront assez distants du sommet de l'hyperbole, que notre satellite leur aura fait décrire, pour que l'on puisse considérer la direction de leur mouvement comme se confondant avec l'asymptote (Fig. 10). Par suite, cette direction fera, avec la direction primitive, un angle égal à l'inflexion totale causée par l'action de la Lune, celle-ci étant produite dans le plan qui passe par le centre de la Lune et les deux directions primitive et finale.

Mais, à cause de la faible étendue de son cercle de visibilité, tous les météores qu'un observateur, situé à la surface de la Terre, verra au même instant, proviendront d'un courant de corpuscules qui sera assez étroit, pour que l'on puisse les considérer comme étant passés à la même distance de notre satellite, et comme ayant décrit des trajectoires dont le parallélisme initial subsistera encore après leur déviation commune. Par suite le point de radiation du courant dévié sera déplacé, par rapport au point de radiation primitif, de telle sorte que *la distance angulaire de celui-ci à la Lune sera augmentée d'une quantité égale à l'inflexion totale.*

24. — Il nous faut donc exprimer cette inflexion en fonction de la distance angulaire du point de radiation apparent au centre de notre satellite.

Pour cela faisons, dans la formule (20) $I = I'' =$ l'inflexion totale causée par la Lune, $R = r'' =$ le rayon lunaire, $b' = b'' =$ la distance au centre de la Lune des asymptotes de l'hyperbole, c'est-à-dire des directions initiale et finale du corpuscule, $v = v'' =$ la vitesse que l'attraction de la Lune fait acquérir à un mobile qui part de l'infini avec une vitesse nulle et qui atteint la surface de notre satellite, $\varphi = \varphi'' =$ la vitesse relative des corpuscules par rapport à la Lune considérée comme fixe. Cette formule (20) deviendra alors

$$\text{Tg}\frac{I''}{2} = \frac{r''}{2b''}\frac{v''^2}{\varphi''^2}. \tag{22}$$

Soit maintenant ε l'angle LOC (Fig. 10) compris entre le centre de la Lune et le point de radiation dévié, on aura

$$\text{Sin}\,\varepsilon = \frac{b''}{\text{OL}}.$$

OL différera peu de la distance du centre de la Terre au centre de la Lune, qui est en moyenne de 220 rayons lunaires. Faisons donc, par à peu prés, $\text{OL} = 220r''$; la formule précédente deviendra

$$\text{Sin}\,\varepsilon = \frac{b''}{220r''}.$$

Éliminons $\frac{b''}{r''}$ entre cette équation et (22), et mettons à la place de v'' sa valeur $2^{\text{kil}},47$ (n° 19), nous aurons

$$\text{Tg}\frac{I''}{2} = \frac{1}{440\sin\varepsilon}\frac{v''^2}{\varphi''^2} = \frac{0^{\text{kil}},0139}{\varphi''^2\sin\varepsilon}. \tag{23}$$

De cette expression on tirera l'angle I'', dont on devra reporter, dans le ciel et dans la direction du centre de la Lune, le point de radiation, pour obtenir la position qu'occuperait ce point sans la déviation causée par l'attraction de notre satellite.

Dans l'équation (23) φ'' exprime la vitesse relative des corpuscules et de la Lune considérée comme fixe ; mais comme la vitesse de celle-ci par rapport à la Terre est seulement de 1^kil^,2, on pourra, sans inconvénient, excepté toutefois pour les très-faibles vitesses, remplacer φ'' par φ, vitesse relative des corpuscules par rapport à la Terre.

25. — Au moyen de la formule (23), on obtient le tableau suivant :

Angles dont la position primitive du point de radiation est écartée du centre de la Lune par l'attraction de ce corps.

Vitesse relative initiale du corpuscule.		L'angle entre le centre de la Lune et le point de radiation apparent étant			
Rapport avec celle de la Terre.	Valeur en kilomèt.	15′	2°	10°	30°
	kil.				
0,167	5	14° 34′	1° 49′	0° 22′,0	0° 07′,6
0,5	15	1° 38′	0° 12′	0° 02′,4	0° 00′,8
1,0	30	0° 22′	0° 03′	0° 00′,6	0° 00′,2
2,4	72	0° 04′	0° 00′,6	0° 00′,1	0° 00′,0

On voit par ce tableau, que l'action de la Lune, sur le point de radiation, ne sera guère sensible avec les vitesses relatives de 30 à 72 kilomètres, dès que la distance de ce point au centre de la Lune dépassera 2 degrés ; mais elle est très-sensible pour les faibles vitesses et pour les faibles distances de ce point au centre de la Lune. On pourrait alors calculer la correction ; mais comme, *aux différentes heures d'une même nuit, la Lune changera de place dans le ciel* à cause de son mouvement propre et de sa parallaxe, *la distance du point de radiation à la Lune et, par suite, la correction variera à chaque instant,* et les calculs qu'elle exigera seront assez compliqués pour que l'on doive être bien tenté de négliger les observations qui donneraient un point de radiation trop rapproché de notre satellite.

§ XI. — Déplacement du point de radiation, causé par l'attraction de la Terre.

26. — Considérons maintenant l'effet de l'attraction de la Terre sur la direction des corpuscules qui s'enflamment dans l'atmosphère.

L'équation générale des hyperboles décrites par les corpuscules rapportées à l'axe FD (Fig. 7), sera

$$\rho = \frac{\frac{b'^2}{a'}}{1 - \frac{c'}{a'}\cos\omega}.$$

Soit α l'angle OFD compris entre l'axe et la parallèle FO à l'asymptote; l'équation de l'hyperbole rapportée à FO, sera

$$\rho = \frac{\frac{b'^2}{a'}}{1 - \frac{c'}{a'}\cos(\omega + \alpha)},$$

ou, en développant et remarquant que l'on a $\sin\alpha = \frac{b'}{c'}$, et $\cos\alpha = \frac{a'}{c'}$,

$$\rho = \frac{\frac{b'^2}{a'}}{1 - \cos\omega + \frac{b'}{a'}\sin\omega}. \tag{24}$$

Soit θ l'angle de la tangente MT et du rayon vecteur, on aura

$$(25) \qquad \mathrm{Tg}\theta = -\frac{1-\cos\omega+\frac{b'}{a'}\sin\omega}{\sin\omega+\frac{b'}{a'}\cos\omega}.$$

Soient encore TMI $= i$ et ZMT $= \zeta$; i sera l'inflexion de la trajectoire au point M, et ζ sera, pour l'observateur qui occupera cette station, la distance zénithale de la direction des météores. Or, la figure montre que l'on a

$$(26) \qquad \zeta = 180^\circ - \theta,$$

$$(27) \qquad i = (\theta + \omega) - 180^\circ.$$

Mais pour tous les points de la sphère de rayon R, on aura

$$(28) \qquad \mathrm{R} = \frac{\frac{b'^2}{a'}}{1-\cos\omega+\frac{b'}{a'}\sin\omega},$$

équation déduite de (24) par la substitution de R à ρ.

On a d'ailleurs trouvé ci-dessus (formule 18)

$$a' = \frac{\mathrm{R}}{2}\frac{v^2}{\varphi^2}.$$

Éliminons a', b', θ et ω entre les cinq équations (18), (25), (26), (27) et (28) (*), et nous aurons la relation qui lie ζ et i pour toutes les trajectoires considérées.

(*) De l'équation (25), on tire

$$\frac{b'}{a'} = \frac{\cos\omega - 1 - \mathrm{Tg}\theta\sin\omega}{\cos\omega\,\mathrm{Tg}\theta + \sin\omega} = \frac{-(1-\cos\omega)\cos\theta - \sin\omega\sin\theta}{\sin(\theta+\omega)}.$$

Mettons

Cette relation est

$$(29) \qquad \frac{2\varphi^2}{v^2} = \frac{1 - \cos\zeta\cos i - \sin\zeta\sin i}{\sin\zeta\sin i}.$$

Mettons cette valeur dans (28), on aura

$$\frac{R}{a'} = \frac{(1-\cos\alpha)^2\cos^2\theta + \sin^2\theta\sin^2\alpha + 2(1-\cos\alpha)\sin\theta\cos\theta\sin\alpha}{\{(1-\cos\alpha)\sin(\theta+\alpha) - (1-\cos\alpha)\cos\theta\sin\alpha - \sin^2\alpha\sin\theta\}\sin(\theta+\alpha)}$$

$$= \frac{\cos^2\theta - \cos\alpha\cos^2\theta + \sin^2\theta + \sin^2\theta\cos\alpha + 2\sin\theta\cos\theta\sin\alpha}{\{\sin(\theta+\alpha) - \cos\theta\sin\alpha - \sin\theta - \sin\theta\cos\alpha\}\sin(\theta+\alpha)}$$

$$= \frac{1 - \cos\theta\cos(\theta+\alpha) + \sin\theta\sin(\theta+\alpha)}{-\sin\theta\sin(\theta+\alpha)},$$

ou, en remplaçant θ et $\theta+\alpha$ par leurs valeurs (26) et (27), et en mettant, à la place de $\frac{R}{a'}$, sa valeur $\frac{2\varphi^2}{v^2}$ tirée de (18), on aura

$$\frac{2\varphi^2}{v^2} = \frac{1 - \cos\zeta\cos i - \sin\zeta\sin i}{\sin\zeta\sin i}.$$

Résolvons cette équation par rapport à i. On peut la mettre sous la forme

$$\frac{2\varphi^2}{v^2} = \frac{1}{\sin\zeta\sin i} - \cot\zeta\cot i - 1,$$

ou

$$\frac{2\varphi^2}{v^2} + \cot\zeta\cot i + 1 = \sqrt{1+\cot^2\zeta}\,\sqrt{1+\cot^2 i};$$

puis, en élevant au carré,

$$\frac{4\varphi^4}{v^4} + \cot^2\zeta\cot^2 i + 1 + \frac{4\varphi^2}{v^2}\cot\zeta\cot i + \frac{4\varphi^2}{v^2} + 2\cot\zeta\cot i =$$
$$= 1 + \cot^2\zeta\cot^2 i + \cot^2\zeta + \cot^2 i,$$

ou, en réduisant

$$\cot^2 i - 2\cot i\cot\zeta\left(1 + \frac{2\varphi^2}{v^2}\right) - \frac{4\varphi^2}{v^2}\left(1 + \frac{\varphi^2}{v^2}\right) + \cot^2\zeta = 0,$$

d'où

Si l'on résout cette équation par rapport à i, on trouve

(30) $$\text{Tg}\, i = \frac{v^2 \sin\zeta}{(v^2 + 2\varphi^2)\cos\zeta + \sqrt{4\varphi^2(v^2+\varphi^2)}} \quad (^*).$$

Cette équation montre, comme on devait s'y attendre, que l'*inflexion est au maximum quand* $\zeta = 90°$, *c'est-à-dire quand la direction du corpuscule rase la sphère du rayon* R.

Dans cette hypothèse on aura

(31) $$\text{Tg}\, i = \frac{v^2}{2\varphi\sqrt{v^2+\varphi^2}}.$$

Expression identique avec la valeur (21) de $\text{Tg}\,\frac{1}{2}\text{I}$; ce qui doit être, car lorsque $\zeta = 90°$, le corpuscule passe au périgée ou au sommet S de l'hyperbole, et son inflexion est alors la moitié de l'inflexion totale I.

Nous avons vu (§ I) qu'un observateur placé sur la verticale FM (Fig. 7) n'apercevra que ceux des météores qui s'écarteront peu du point M. Si ces météores font partie d'un essaim et sont vus en peu de temps, leurs trajectoires seront sensiblement parallèles, à la fois à TM et

---

d'où

$$\cot i = \cot\zeta\left(1+\frac{2\varphi^2}{v^2}\right) \pm \sqrt{\cot^2\zeta\left(1+\frac{2\varphi^2}{v^2}\right)^2 + \frac{4\varphi^2}{v^4}\left(1+\frac{\varphi^2}{v^2}\right) - \cot^2\zeta}$$

$$= \cot\zeta\left(1+\frac{2\varphi^2}{v^2}\right) \pm \sqrt{\frac{4\varphi^2}{v^2}\left(1+\frac{\varphi^2}{v^2}\right)(1+\cot^2\zeta)};$$

d'où enfin

$$\text{Tg}\, i = \frac{v^2 \sin\zeta}{\cos\zeta\,(v^2 + 2\varphi^2) \pm \sqrt{4\varphi^2\,(v^2+\varphi^2)}}.$$

(*) La seconde solution, donnée par le signe — placé devant le radical, correspond à la seconde rencontre, en N, de la trajectoire et du cercle de rayon R.

au rayon visuel qui aboutit au point de radiationinstantané (nº 3). De sorte que ζ exprimera alors la distance zénithale de ce point, pour l'instant moyen des observations, et i la quantité dont il paraîtra relevé par l'action de la Terre.

27.— La formule (30) montre comment l'inflexion éprouvée, sous l'action de la Terre, par la direction primitive de l'essaim, variera avec la distance zénithale du point de radiation, et comment, par suite de cette cause, et toutes choses égales d'ailleurs, la position apparente du point de radiation devra varier parmi les étoiles pendant que ce point s'élèvera au-dessus de l'horizon.

C'est donc à tort que les astronomes semblent admettre tacitement que ce point de radiation est fixe pour chaque essaim; car la seule variation que nous signalons ici (et il y en a d'autres que nous étudierons tout à l'heure) *dépasse très-souvent les erreurs d'observations bien faites* (*). On peut en juger par le tableau suivant :

(*) Voici quelques comparaisons qui semblent prouver que, même pour des observations faites à vue, les erreurs doivent être assez faibles.

Lors de l'averse d'étoiles filantes du 14 novembre 1866, de une heure et demie à une heure trois quarts du matin, temps de Metz, nous avons trouvé (à vue seulement) pour coordonnées du point de radiation Æ = 149°,5 et D. bor. = 23°, en éprouvant sur cette position une incertitude de beaucoup inférieure à un degré (*Comptes rendus de l'Académie des sciences,* séance du 19 novembre 1866).

D'après les observations de Greenwich, M. J. Baxendell a trouvé, vers une heure du matin (temps de Greenwich), Æ = 149° 33', D. bor. = 22° 57',5 (*Les Mondes,* 1 vol. de 1867, p. 61, correction faite de l'erreur évidente neuf heures cinquante-huit minutes au lieu de dix heures cinquante-huit minutes).

M. Adam donne, pour la moyenne de six déterminations du même point, Æ = 149° 12'. D. bor. = 23° 1' (*Comptes rendus de l'Académie des sciences,* t. LXIV, p. 652).

φ = vitesses initiales relatives des corpuscules.		i = INFLEXIONS ÉPROUVÉES PAR LES TRAJECTOIRES, les distances zénithales du point de radiation étant				
Rapports avec celle de la Terre	Valeurs en kilomètres	0°	25°	50°	75°	90°
	kil.					
0,0	0	0° 00′	25° 00′	50° 00′	75° 00′	90° 00′
0,167	5	0° 00′	10° 30′	22° 00′	35° 30′	45° 19′
0,5	15	0° 00′	2° 45′	5° 45′	9° 30′	12° 20′
1,0	30	0° 00′	0° 49′	1° 42′	2° 48′	3° 39′
2,4	72	0° 00′	0° 09′	0° 19′	0° 31′	0° 40′

Les valeurs de i, qui correspondent aux vitesses égales ou supérieures à celle de la Terre, sont assez faibles pour que, dans l'équation (29), on puisse poser $\cos i = 1$. On tire alors de cette équation

$$(32) \qquad \operatorname{Sin} i = \operatorname{Tg}\tfrac{1}{2}\zeta \frac{v^2}{v^2 + 2\varphi^2};$$

expression d'un calcul plus facile que la formule (30), mais qui n'est applicable qu'aux petites valeurs de i.

On voit par le tableau précédent, combien sont considérables, surtout pour les essaims animés d'une faible vitesse relative, les inflexions que l'attraction de la Terre fait éprouver à leurs trajectoires et, par suite, les déplacements qu'éprouve le point de radiation dans le ciel à mesure que ce point s'élève sur l'horizon. Aussi *dans ces cas d'une faible vitesse relative, doit-on reconnaître difficilement la radiation par les intersections des prolongements des trajectoires lumineuses, quand celles-ci ont été observées à différentes heures dans une même nuit.*

§ XII. — Calcul des corrections nécessitées par l'inflexion des trajectoires et par la réfraction.

28. — D'après ce que nous venons de voir, la position apparente du point de radiation est toujours plus voisine du zénith que si les corpuscules n'étaient pas soumis à l'attraction de la Terre. Or il suffira de connaître des valeurs approchées de leur vitesse relative φ (*) et de la distance zénithale ζ (**) du point de radiation pour pouvoir calculer, au moyen de la formule (30) ou simplement, mais dans le cas seulement de grandes vitesses, au moyen de la formule (32), *l'angle d'inflexion i qui relève le point de radiation.*

Mais les trajectoires lumineuses qui servent à déterminer la position de ce point ont leur existence dans les hautes régions de notre atmosphère; et alors tous leurs points paraissent trop élevés, par suite d'un effet de réfraction qui diffère à peine de la réfraction astronomique. Le point de radiation se trouve donc aussi relevé par cet effet, de sorte que, si l'on désigne par i' *la quantité dont on devra augmenter la distance zénithale apparente du point de radiation, pour obtenir la direction du mouvement relatif des corpuscules tel qu'il aurait eu lieu sans l'attraction de la Terre, on aura*

$$i' = \text{inflexion } i + \text{réfraction astronomique}. \qquad (33)$$

29. — Comme habituellement la position du point de radiation varie peu par rapport aux étoiles, on fixe cette position par les coordonnées, ascension droite et déclinaison. Nous allons chercher comment on doit corriger

(*) Voyez au nº 13 la détermination de φ.
(**) Voyez au nº 29 la détermination de ζ.

les valeurs apparentes Æ et D de ces coordonnées, pour obtenir leurs valeurs Æ' et D' corrigées des effets de l'inflexion et de la réfraction (*).

Soient (Fig. 11) Z le zénith ; P le pôle boréal ; l la latitude du lieu supposée connue, d'où PZ $= 90^o - l$; R le point de radiation apparent ; D sa déclinaison, d'où PR $= 90^o -$ D ; Æ son ascension droite et t_s le temps sidéral de l'observation supposé connu (**), d'où l'angle horaire P $=$ Æ $- 15t_s$. Le calcul du triangle sphérique RPZ donnera la valeur de la distance zénithale ZR $= \zeta$ dont nous avions besoin tout à l'heure, et celle de l'angle ZRP $= R$ dont nous ferons bientôt usage. Si l'azimut RZP $=$ A était donné au lieu de t_s, on pourrait calculer les inconnues ζ et R. Et il importe de remarquer que, si i' est petit, on pourra remplacer la *résolution numérique* du triangle sphérique par la *résolution approximative* que nous indiquerons au n° 73.

Soient alors RR' $= i'$ l'abaissement que doit éprouver le point de radiation, D' et Æ' ses nouvelles coordonnées, et posons

(31) Æ' $=$ Æ $+ d$Æ, D' $=$ D $+ d$D ;

si l'on trace sur la figure, en RD, le parallèle du point R, on voit que l'on a

dÆ $=$ RPD et dD $= -$ R'D.

Dans le cas des grandes vitesses relatives, i', dÆ et dD sont des arcs assez petits pour que l'on puisse considérer le triangle RDR' comme rectiligne et rectangle

(*) Quoique ces formules soient bien connues, nous les démontrerons pour compléter notre travail.

(**) Si l'heure de l'observation est exprimée en temps moyen, on en déduira t_s à l'aide des données et des tables de la *Connaissance des temps*.

en D. Alors si l'on remarque que l'angle R' est sensiblement égal à R on aura

$$dD = -i' \cos R, \tag{35}$$

puis

$$RD = i' \sin R.$$

Mais dans le triangle RPD, que l'on peut considérer comme sphérique et rectangle en D, on a $d\text{Æ} = \frac{RD}{\cos D}$, donc

$$d\text{Æ} = i' \frac{\sin R}{\cos D}. \tag{36}$$

Dans le cas de grandes vitesses relatives, i' serait trop grand pour que l'on pût opérer ainsi. On devrait alors, après avoir calculé A et ζ dans le triangle RZP, chercher en fonction de ζ, d'abord i puis i'; et dans le triangle R'ZP, dans lequel on connaîtrait A, ZP et ZR', calculer PR' et ZPR'; et l'on aurait

$$D' = 90^\circ - PR', \tag{37}$$

et

$$\text{Æ}' = \text{Æ} + ZPR' - P. \tag{38}$$

§ XIII. — Corrections du point de radiation et de la vitesse relative, nécessitées par la rotation de la Terre

30. — Nous avons négligé, dans ce qui précède, l'effet de la rotation de la Terre. En vertu de celle-ci, l'observateur se déplace, avec une certaine vitesse, dans le sens de la tangente au parallèle terrestre, et la direction relative apparente des corpuscules est la résultante de cette vitesse, prise en sens contraire, et de la vitesse relative Φ qui tient compte des effets de la vitesse de translation et de l'attraction de la Terre. Il résulte de là, pour la position du point de radiation, un déplacement

qui exige des corrections dont nous allons chercher les valeurs.

Soient (Fig. 12) O la station de l'observateur, ♈ME'T l'équateur, P le pôle boréal, ♈ le point équinoxial du printemps, POM le méridien du lieu que nous supposons mobile dans le sens de la flèche (sens du mouvement diurne réel); une perpendiculaire OT au méridien donne la direction du déplacement de l'observateur sur son parallèle terrestre.

Soient encore t''O une longueur proportionnelle à la vitesse v de ce déplacement, et r''O une autre ligne exprimant, en grandeur et en direction, la vitesse relative Φ des corpuscules, les deux vitesses que nous venons de considérer allant vers le point O. Si sur Ot', égal et de signe contraire à t''O, et sur Or'' on fait le parallélogramme des vitesses, sa diagonale r'O exprimera, en grandeur et en direction, la vitesse résultante des deux mouvements, telle qu'on l'observe en faisant abstraction de la vitesse de rotation de la Terre; Or' sera donc la direction apparente du point de radiation et Or'' sa direction corrigée de l'effet de la rotation.

Or le plan du parallélogramme passe par OT perpendiculaire au méridien, donc il coupe la sphère suivant l'arc NR'T qui est de 90 degrés et perpendiculaire à PM. Cet arc comprend, en R' et en R'', les points de rencontre de la sphère avec Or' et Or''. Par ces points R' et R'' menons les plans horaires PR'E', PR''E'', les arcs ♈E', ♈E'', E'R' et E''R'' seront respectivement, les ascensions droites Æ' et Æ'', et les déclinaisons D' et D'' des points de radiation apparents et vrais. Faisons

$$(38^{\text{bis}}) \qquad Æ'' = Æ' + dÆ', \qquad \text{et} \qquad D'' = D' + dD',$$

$dÆ'$ et dD' seront les corrections à faire subir aux coordonnées apparentes du point de radiation. Cherchons leurs valeurs.

Considérons le triangle sphérique PNR', qui est rectangle en N puisque OT est perpendiculaire à PON; et soient : le côté NR' = N, et l'angle horaire NPR' = P'; puis R'R'' = — dN = le déplacement du point de radiation, et R''PR' = — dP' la variation correspondante de l'angle horaire. On voit sur la figure que — $d\mathcal{R}'$ = — dP'. Le triangle donne les relations suivantes :

$$\text{(39)} \qquad \operatorname{Sin} N = \sin P' \cos D',$$

$$\text{(40)} \qquad \operatorname{Sin} D' = \cos PN \times \cos N,$$

$$\text{(41)} \qquad \operatorname{Tg} N = \sin PN \times \operatorname{Tg} P'.$$

Si l'on différentie (40), en considérant PN comme constant, on trouve

$$dD' = -dN \frac{\sin N}{\cos D'} \times \cos PN,$$

qui, à cause de (39) et (40) se transforme en

$$\text{(42)} \qquad dD' = -\frac{dN}{\cos N} \times \sin P' \times \sin D'.$$

Différentions (41), PN étant constant, on trouve

$$dP' = \frac{dN}{\cos^2 N} \times \frac{\cos^2 P'}{\sin PN},$$

qui, à cause de (39) et (41), devient

$$\text{(43)} \qquad dP' = \frac{dN}{\cos N} \times \frac{\cos P'}{\cos D'}.$$

Pour avoir la valeur de $\frac{dN}{\cos N}$ représentons à part le parallélogramme des vitesses (Fig. 13) en conservant les notations de la figure 12.

Nous avons $Ot' = r''r' = v$, $Or' = \Phi$, $NOR' = N$ et $R'R'' = -dN$. Menons par r', ar' perpendiculaire à Or', on aura $r''r'a = N$; et comme, à cause de la petitesse de $R'R''$, le triangle $r''r'a$ est sensiblement rectangle, on aura

$$ar' = r'r''\cos N = v\cos N.$$

Mais puisque $ON = 1$ on a

$$R'R'' = -dN = \frac{ar'}{\Phi},$$

et, par suite

$$\frac{dN}{\cos N} = -\frac{v}{\Phi}.$$

Mettons cette valeur dans (42) et (43) nous aurons

$$dD' = \frac{v}{\Phi}\sin P'\sin D';$$

$$dP' = d\text{Æ}' = -\frac{v}{\Phi}\frac{\cos P'}{\cos D'},$$

ou, si l'on veut exprimer dD' et $d\text{Æ}'$ en minutes de degrés

(44) $$dD' = \frac{v}{\Phi}\frac{\sin P'\sin D'}{\sin 1'} \times 1',$$

(45) $$d\text{Æ}' = dP' = -\frac{v}{\Phi}\frac{\cos P'}{\cos D'\sin 1'} \times 1'.$$

D'ailleurs, la vitesse d'un point de l'équateur étant 463 mètres, on aura pour la station dont la latitude est l

(46) $$v = 0^{km},463\cos l,$$

et l'on pourra, sans erreur notable, quand la vitesse sera assez grande, remplacer dans (44) et (45) Φ par φ, P' par P et D' par D.

Ajoutons, relativement aux signes des corrections que, puisque sur la figure *le point* R' *est placé dans la région du ciel vers laquelle marche le méridien du lieu,* région qui est celle de l'*est,* on devra, dans (44) et (45), prendre P' avec le signe + ou avec le signe —, suivant que le point de radiation aura été observé à l'est ou à l'ouest. Si l'on a égard à cela, et si l'on donne à D' le signe + ou le signe — suivant que la déclinaison sera boréale ou australe, le calcul des formules (44) et (45) donnera, avec leurs signes, les quantités à *ajouter* aux coordonnées observées, pour les corriger de l'effet de la rotation de la Terre.

31. — Cet effet change aussi la vitesse relative, ainsi qu'on le voit sur la figure 13, où la vitesse réelle Or'' est changée dans la vitesse apparente Or'; leur différence est égale à ar''.

Or on a

$$ar'' = \upsilon \sin N,$$

et à cause de (39)

$$ar'' = \upsilon \sin P' \cos D';$$

on aura donc, en désignant par Φ' la vitesse relative affectée par la rotation de la Terre

$$\Phi' = \Phi + \upsilon \sin P' \cos D'. \tag{47}$$

Expression dans laquelle on devra donner à P' et à D' les signes indiqués tout à l'heure.

CHAPITRE SECOND.

CALCUL DE L'ORBITE QUE LES CORPUSCULES DÉCRIVENT AUTOUR DU SOLEIL.

§ I. — Mouvement absolu, non troublé, des corpuscules, déduit de leur mouvement apparent.

32. — Si l'observation pouvait donner avec exactitude la vitesse relative apparente Φ', à l'aide de l'équation (47) que nous venons d'obtenir, rapprochée de l'équation (19)

$$\Phi^2 = v^2 + \varphi^2, \qquad (v = 11^{km},09)$$

on pourrait déduire de Φ' la vitesse relative φ, résultant du mouvement de la Terre et de celui des corpuscules non troublés. Puis en suivant une marche analogue à celle qui a donné l'équation (11), entre φ et W_1, on conclurait, de la vitesse relative φ, la vitesse absolue W_1 avec laquelle les corpuscules parcourraient, en dehors de l'action de la Terre, le point de leur orbite où nous les observons.

Mais nous avons vu que l'incertitude qui régnera toujours sur la valeur de Φ', engagera plutôt à demander W_1 à des calculs basés sur une hypothèse relative à la forme de l'orbite, et à en déduire φ, puis Φ et Φ' par les équations que nous venons de rappeler.

33. — Il n'en sera pas ainsi du point de radiation, car on peut l'observer avec une exactitude suffisante, pour qu'il y ait utilité à faire subir à ses coordonnées les corrections résultant des effets de l'attraction de la Terre et de la réfraction, corrections données par les

équations (30) ou (32), (33), (35) et (36), et même les corrections dues à la rotation de la Terre, et qui sont données par les équations (44) et (45). Les équations rappelées supposent connus la distance zénithale et l'angle horaire du point de radiation, mais nous avons vu, au n° 29, comment on peut les déduire de l'ascension droite et de la déclinaison observées.

Avec les coordonnées ainsi corrigées, et au moyen des formules (8), (9), (10), (12), (13) et (14), qui tiennent compte de la vitesse de translation du centre de la Terre, on obtiendra les coordonnées du *mouvement absolu des corpuscules,* c'est-à-dire du *mouvement qui aurait lieu sur leur orbite, à la distance du Soleil à laquelle ils ont été observés, et loin de toute cause perturbatrice.*

Ce sont ces éléments du mouvement absolu non troublé que nous allons employer dans les recherches suivantes. Nous conserverons, pour les désigner, les mêmes lettres que pour les éléments provisoires, mais nous y ajouterons un double accent.

§ II. — Longitude du nœud ascendant, inclinaison de l'orbite et sens du mouvement.

34. — Soient (Fig. 6) O la Terre; OT la direction suivie par son centre, de O vers T; S la position du Soleil; ♈ le point équinoxial du printemps; ♈TS' l'écliptique; Π son pôle; CO la direction du mouvement absolu des corpuscules, de C vers O; $L_t =$ ♈T, $L_s =$ ♈S' et $L_c'' =$ ♈C' les longitudes du point T, du Soleil et du point C, puis $\lambda_c'' =$ CC' la latitude de ce dernier point.

La direction CO est une tangente, en O, à l'orbite plane que décrivent les corpuscules autour de S ; le plan de cette orbite passe donc par OC et par S, et il coupe, l'écliptique suivant OS′ et la sphère céleste suivant le grand cercle S′C. Par suite OS′ est la ligne des nœuds.

Soit L_n la longitude du nœud ascendant; cherchons sa valeur. Sur la figure, où C est au nord de l'écliptique et où, par conséquent, sa latitude λ_c'' est positive, O est le nœud descendant et ☊ le nœud ascendant. La longitude de ce dernier point est égale à celle du Soleil; on a donc

$$L_n = L_s \qquad \text{pour } \lambda_c'' \text{ positif.} \tag{48}$$

Si C était au sud de l'écliptique, λ_c'' serait négatif, et O serait le nœud ascendant. On aurait donc

$$L_n = L_s \pm 180^\circ \qquad \text{pour } \lambda_c'' \text{ négatif.} \tag{49}$$

35. — Cherchons l'inclinaison I du plan de l'orbite. Cette inclinaison est donnée par l'angle CS′C′ du triangle CS′C′, rectangle en C′, et dans lequel on a $S'C' = L_c'' - L_n$. On aura donc

$$\operatorname{Tg} I = \frac{\operatorname{Tg} \lambda_c''}{\sin (L_c'' - L_n)}. \tag{50}$$

Si l'on a égard aux signes de λ_c'' et $(L_c'' - L_n)$, Tg I pourra être positif ou négatif; et, par suite, l'angle I aura des valeurs qui pourront aller de 0° à 180°. Ces valeurs seront les *inclinaisons comptées entre les parties de l'écliptique et de l'orbite que suivent respectivement la Terre et les corpuscules à partir du nœud ascendant.*

36. — Cherchons le sens du mouvement. Dans le cas de la figure, et tant que λ_c'' sera positif, le sens du mouvement, qui va de C vers O, sera direct quelle que soit la valeur de I; si la latitude de C était négative, O étant le nœud ascendant, le mouvement devrait être considéré comme rétrograde. On aura donc

(51) *I variant de 0° à 180°.* $\begin{cases} \lambda_c'' \text{ positif : mouvement direct.} \\ \lambda_c'' \text{ négatif : mouvement rétrograde.} \end{cases}$

Si l'on voulait compter l'inclinaison jusqu'à 90° seulement, on prendrait, au lieu de celles des valeurs de I qui excèdent un quadrant, leurs suppléments $I' = 180° - I$. Mais il faudrait, en même temps, changer le sens direct en rétrograde et réciproquement. Nous nous en tiendrons, pour ce qui va suivre, à la première définition de l'inclinaison I.

Pour trouver les autres éléments du mouvement, nous aurons à considérer le cas d'une orbite elliptique et celui d'une orbite parabolique. Nous étudierons ces deux cas successivement.

§ III. — Calcul de divers éléments d'une orbite elliptique.

37. — Soit (Fig. 6) OA☊ cette orbite, tracée dans le plan COS'. Nous supposons connu son grand axe $AB = 2A$, le foyer S, le rayon vecteur $OS = \rho_1$. Il nous faut déterminer d'abord le périhélie A dont la position est fixée, dans le plan de l'orbite, par l'angle $OSA = \omega_1$, compris entre le rayon vecteur et le périhélie, et par la distance périhélie $SA = \rho_0$. Ces éléments sont fonction de l'angle $COS = \theta_1$ compris entre la tangente CO et le rayon vecteur SO.

Or θ_1 est mesuré par l'arc CS', hypoténuse du triangle rectangle CC'S' que nous considérions tout à l'heure. On aura donc

$$\cos\theta_1 = \cos\lambda_{c''}\cos(L_{c''} - L_n). \tag{52}$$

38. — Mais si p et e sont le paramètre et l'excentricité de l'ellipse, on sait que l'on a la relation

$$p = A(1 - e^2), \tag{53}$$

et que l'équation de l'orbite, quand l'origine des ω est au périhélie, est

$$(54) \qquad \rho = \frac{p}{1+e\cos\omega}, \quad \text{ou} \quad \rho = \frac{A(1-e^2)}{1+e\cos\omega}.$$

On sait aussi qu'alors l'angle θ, de la tangente et du rayon vecteur, est donné par l'expression

$$\mathrm{Tg}\,\theta = \frac{1+e\cos\omega}{e\sin\omega}.$$

De cette dernière on tire

$$\frac{1}{\sin^2\theta} = \frac{1+\mathrm{Tg}^2\theta}{\mathrm{Tg}^2\theta} = \frac{2(1+e\cos\omega)-(1-e^2)}{(1+e\cos\omega)^2},$$

ou

$$\frac{1}{\sin^2\theta} = \frac{1}{1+e\cos\omega}\left(2-\frac{(1-e^2)}{1+e\cos\omega}\right) = \frac{\rho}{A(1-e^2)}\left(2-\frac{\rho}{A}\right);$$

d'où, en remplaçant ρ et θ par les valeurs particulières ρ_1 et θ_1

$$(55) \qquad (1-e^2) = \frac{\rho_1}{A}\left(2-\frac{\rho_1}{A}\right)(\sin^2\theta_1).$$

De là on tirera la valeur de l'*excentricité* e, et l'on aura celle du *paramètre* p par la formule (53).

Puis on aura, pour la *distance périhélie*

$$(56) \qquad \rho_0 = A(1-e).$$

39. — L'angle OSA $= \omega_1$, qui fixe la position du périhélie dans le plan de l'orbite, se tire de l'équation (54) qui donne

$$(57) \qquad \cos\omega_1 = \frac{A(1-e^2)-\rho_1}{e\rho_1} = \frac{p-\rho_1}{e\rho_1};$$

et quand $\cos\omega_1$ est négatif, on aura bien soin d'adopter pour ω_1 une valeur comprise entre 90° et 180°.

Mais il faut savoir de plus si le périhélie est au nord ou

au sud de l'écliptique. Or, si l'on remarque que, dans le mouvement elliptique ou parabolique, l'angle formé par le rayon vecteur et la partie de la tangente qui est vers le périhélie est toujours plus petit que 90°, on conclura que, quand θ_1 sera plus petit que 90°, le périhélie sera du même côté de l'écliptique que le point C; il sera du côté opposé dans le cas contraire. Dans le premier cas, qui est celui de la figure, ω_1 exprimera l'arc compris, *dans le sens du mouvement,* entre le périhélie et le rayon vecteur ; on devra le prendre positivement. Dans le second cas, ω_1 exprimera le même angle mesuré *en sens inverse du mouvement;* il devra être pris avec le signe —. Cela revient à la règle suivante :

(58) ω_1 doit avoir le même signe que $\cos\theta_1$.

40. — Mais habituellement c'est par sa longitude que l'on fixe la position du périhélie. Soit L_p cette longitude. Pour l'obtenir, considérons la figure 14, construite avec les mêmes données que la figure 6, mais avec le Soleil S au centre de l'écliptique ♈☊A'O. OA☊ y représente le plan de l'orbite, SA est la direction du périhélie, et ♈☊A' $= L_p$ est la longitude de ce point.

Dans le triangle OAA', rectangle en A', OA mesure l'angle ω_1 et AOA' $=$ I; on aura donc

(59) $$\mathrm{Tg\,OA'} = \mathrm{Tg\,OA} \cos \mathrm{AOA'} = \mathrm{Tg}\,\omega_1 \cos \mathrm{I};$$

mais on a

$$♈☊\mathrm{A'O} = L_n \pm 180^\circ;$$

donc

(60) $$L_p = L_n \pm 180^\circ - \mathrm{OA'}.$$

Cette formule donnera, sans ambiguïté, la longitude du périhélie, pourvu qu'on y donne à OA' une valeur plus petite que 90° mais prise avec le signe de TgOA';

celui-ci résultant d'ailleurs du signe qui convient à cos I, d'après la valeur obtenue ci-dessus (formule 50), et du signe que nous avons adopté pour ω_1 (formule 58). Au reste, en s'aidant de figures, on évitera des erreurs de signes.

41. — Pour compléter la détermination des éléments de l'orbite il faut encore chercher le temps t écoulé depuis le passage au périhélie jusqu'au moment de l'observation. Pour cela revenons à la figure 6.

Soient T la durée de la révolution totale, et B le demi-petit axe de l'ellipse; nous aurons, d'après la loi des aires

$$t : T :: \text{aire OSA} : \pi AB. \tag{61}$$

Du centre C″ de l'ellipse (Fig. 15) décrivons l'arc AO′ avec le rayon A, prenons O′ sur la perpendiculaire OE au grand axe, faisons O′C″A $= u$ (u est l'anomalie excentrique) nous aurons

$$\cos u = \frac{C''E}{C''O'} = \frac{eA + \rho_1 \cos \omega_1}{A},$$

ou, en substituant à $\frac{\rho_1 \cos \omega_1}{A}$ sa valeur (équation 57),

$$\cos u = \frac{1}{e}\left(1 - \frac{\rho_1}{A}\right). \tag{62}$$

D'autre part on aura

$$\text{Aire O'SA} = \text{secteur O'C''A} - \text{triangle O'C''S},$$

ou, en exprimant les surfaces en fonction des données

$$\text{Aire O'SA} = \frac{uA^2}{2} - \frac{eA^2 \sin u}{2}.$$

Mais on a

$$\text{Aire OSA} = \text{Aire O'SA} \times \frac{B}{A} = \frac{AB}{2}(u - e \sin u). \tag{63}$$

Des équations (61) et (63) on tire enfin

$$(64) \qquad t = \frac{T}{2\pi}(u - e \sin u),$$

dans cette formule u est exprimé en parties du rayon vecteur; d'ailleurs u est déterminé par la formule (62).

Nous avons dit (nº 39) que ω_1 se compte à partir du périhélie et *dans le sens du mouvement*. Il en résulte que l'on obtiendra l'époque du passage au périhélie, en *retranchant* t de l'époque de l'observation O *quand* ω_1 *sera positif,* et en *ajoutant* t à la même époque *quand* ω_1 *sera négatif*. Donc, si l'on appelle E_r et E_p les époques de l'observation et du périhélie, on aura

$$(65) \qquad \begin{cases} E_p = E_r - t & \text{quand } \omega_1 \text{ sera positif,} \\ E_p = E_r + t & \text{quand } \omega_1 \text{ sera négatif.} \end{cases}$$

§ IV. — Calcul de divers éléments d'une orbite parabolique.

42. — Si nous appelons P le paramètre d'une orbite parabolique, nous obtiendrons la plupart des formules qui s'y rapportent en faisant, dans les formules relatives au mouvement elliptique, $p = P$, ou $A(1 - e^2) = P$, $A = \infty$, et $e = 1$. Nous obtiendrons ainsi :

L'angle θ_1 du rayon vecteur et de CO, comme au nº 37

$$(66) \qquad \cos\theta_1 = \cos\lambda_{c''} \cos(L_{c''} - L_n);$$

l'équation de l'orbite, déduite de l'équation (54)

$$(67) \qquad \rho = \frac{P}{1 + \cos\omega};$$

le *paramètre* P, par les équations (53) et (55)

$$(68) \qquad P = 2\rho_1 \sin^2\theta_1.$$

La *distance périhélie* s'en conclut

(69) $$\rho_0 = \frac{P}{2}.$$

Pour l'*angle* ω_1 *du rayon vecteur et du périhélie* l'équation (57) deviendra

(70) $$\cos\omega_1 = \frac{P}{\rho_1} - 1,$$

ou, à cause de l'équation (68),

$$\cos\omega_1 = 2\sin^2\theta_1 - 1;$$

d'où

(71) $$\omega_1 = 180° - 2\theta_1.$$

Cette formule donne à ω_1 le signe convenable (n° 39).

La *longitude du périhélie*, Lp, se conclura des équations (59) et (60) que nous reproduisons sans changement

(72) $$\text{Tg}\,OA' = \text{Tg}\,\omega_1 \cos I,$$

(73) $$Lp = Ln \pm 180° - OA'.$$

OA′ sera plus petit que 90° et affecté du signe de TgOA′.

43. — Pour obtenir le temps t écoulé depuis le passage au périhélie, remarquons que, dans l'ellipse, la loi des aires donne

$$\frac{T^2}{t^2} = \frac{\pi^2 B^2 A^2}{s^2},$$

s étant l'aire décrite par le rayon vecteur pendant le temps t. Mais on a $p = \frac{B^2}{A}$, donc

$$\frac{T^2}{A^3} = \frac{t^2\pi^2 p}{s^2}.$$

Or, en vertu de la troisième loi de Képler, $\frac{T^2}{A^3}$ est constant ; et comme, pour la Terre, on a $T = 365^j,26$ = année anomalistique, et $A = a = 1$, on aura, pour la parabole tout aussi bien que dans le cas de l'ellipse

$$(365^{j},26)^2 = \frac{t^2\pi^2 p}{s^2}.$$

D'où, en mettant pour p le paramètre P de la parabole,

$$(74) \qquad t = 365^{j},26 \times \frac{s}{\pi\sqrt{P}}.$$

Mais dans la parabole (Fig. 16) dont DI est la directrice et SD = P le paramètre, l'aire OSA = s est le tiers de l'aire SDIO. Donc on a

$$s = \frac{1}{6}(P + \rho_1)\rho_1 \sin \omega_1.$$

On aura donc enfin, en mettant cette valeur de s dans (74)

$$(75) \quad t = 365^{j},26 \frac{(P + \rho_1)\rho_1 \sin \omega_1}{6\pi\sqrt{P}} = 19^{j},378 \frac{(P + \rho_1)\rho_1 \sin \omega_1}{\sqrt{P}}.$$

Et pour l'époque du périhélie, Ep, on aura par (65)

$$(76) \quad \begin{cases} Ep = Er - t, \text{ quand } \omega_1 \text{ sera positif.} \\ Ep = Er + t, \text{ quand } \omega_1 \text{ sera négatif.} \end{cases}$$

§ V. — Résumé et application des formules.

44. — Comme résumé nous allons réunir les diverses formules dans l'ordre de leur emploi. Nous les ferons précéder des numéros qu'elles portent dans le texte, et nous les ferons suivre des résultats de leur application à un exemple particulier.

Nous admettrons avec MM. Schiapparelli et Le Verrier que l'essaim des météores de novembre parcourt son orbite en $33^{ans},25$, et nous allons chercher cette orbite d'après cette considération que le 13 novembre 1866, à Metz, entre $13^{h}\frac{1}{2}$ et $13^{h}\frac{3}{4}$ t. m. (moyenne $13^{h}37^{m},5$), nous avons constaté, pour les coordonnées du point de radiation, qui était d'ailleurs vu à l'est. . $\left\{\begin{array}{l} Æ = 149°30' \\ D = +23°00' \end{array}\right.$

D'où, par les formules de transformation de la note du n° 13, nous avons obtenu $\left\{\begin{array}{l} L_r = 143°37',8 \\ \lambda_r = +9°56',0 \end{array}\right.$

On a d'ailleurs, pour Metz, $\left\{\begin{array}{ll} \text{Latitude boréale . .} & l = 49°07',0 \\ \text{Longitude à l'est de Paris} & = 0^h15^m22^s \end{array}\right.$

donc, époq^e de l'obs^on en t. m. de Paris, $E_r = 13^{nov.} 13^h22^m,1$

D'après la Connaissance des temps, on a

Temps sidéral à midi moyen, le 13. . . .		$15^h29^m,5$
pour l'époque de l'observation : d'où heure sidérale de l'observation.		$5^h09^m,2$
Angle horaire correspond^t (vers l'ouest)		$77°18',0$
Angle horaire du point de radiation (vers l'est) $= 149°30' - 77°18' = P$	$=$	$72°12',0$
Longitude du Soleil.	$L_s =$	$231°28',4$
Rayon vecteur de la Terre. . . .	$\rho_1 =$	$0,988905$
Longitude du Soleil, le 13 à midi, Paris	$L' =$	$230°54',7$
— le 14 —	$L'' =$	$231°55',2$
Rayon vecteur, le 13 à midi, Paris.	$\rho' =$	$0,989030$
— le 14 —	$\rho'' =$	$0,988805$

---

45. — **Calcul des éléments provisoires.**

En calculant le triangle ZPR (n° 29 et Fig. 11) on trouve

Distance zénithale du point de radiation. $\zeta = 61°21'$

Angle de variation — — $R = 45°15'$

Ces nombres peuvent être obtenus, avec une exactitude suffisante, par une construction graphique.

Recherche du demi-grand axe A, et des vitesses absolues, V_1 pour la Terre et W_1 pour les corpuscules :

(5) $A = \sqrt[3]{\frac{T^2}{1}}$ . . . . $\frac{1}{2}$ *grand axe* $A = 10,340$

d'où. . . . . $\frac{\rho_1}{A} = 0,09564$

(5) $V_1 = 29^{km},427\sqrt{\frac{2-\rho_1}{\rho_1}}$ .... $V_1 = 29^{km},755$

(4) $W_1 = 29^{km},427\sqrt{\frac{2-\frac{\rho_1}{A}}{\rho_1}}$ .... $W_1 = 40^{km},835$

(6) $\frac{W_1}{V_1} = \sqrt{\frac{2-\frac{\rho_1}{A}}{2-\rho_1}}$ .... $\frac{W_1}{V_1} = 1,3724$

Longitude de la direction de la Terre :

(1) $L_t = L_s - 90° + (\rho' - \rho'')(\rho' + \rho'') \times 100000 \times 1'$.. $L_t = 142°12',9$

Calcul provisoire de φ, vitesse relative de la Terre et des corpuscules :

Différence de leur longitude........ $L_r - L_t = 1°24',9$

(8) $\cos TR = \cos\lambda_r \cos(L_r - L_t)$............ $TR = 10°02',0$

(10) $\sin RC = \sin TR \times \frac{V_1}{W_1}$ .... $RC = 7°17',6$

d'où *angle des directions des corpuscules et de la Terre* .... $TR + RC = 17°19',6$

(11) $\varphi = W_1 \frac{\sin(TR + RC)}{\sin TR}$..... *vitesse relative* $\varphi = 69^{km},805$

Coordonnées provisoires de la direction absolue des corpuscules :

(9) $\cos RTR' = \frac{Tg(L_r - L_t)}{Tg\, TR}$................. $RTR' = 81°58',6$

(13) $Tg(L_c - L_t) = Tg(TR + RC) \cos RTR'$... $L_c - L_t = 2°29',6$

d'où.................................. $L_c = 144°42',5$

(12) $\sin\lambda_c = \sin(TR + RC) \sin RTR'$.......... $\lambda_c = 17°09',1$

46. — **Calcul des éléments non troublés.**

Vitesse relative augmentée par l'attraction de la Terre :

(16) $\Phi = \sqrt{\varphi^2 + v^2}$...... ($v = 11^{km},09$)...... $\Phi = 70^{km},68$

Corrections des coordonnées équatoriales du point de radiation, nécessitées par l'inflexion due à l'attraction de la Terre et par la réfraction :

Coefficient.................. $\dfrac{v^2}{v^2 + 2\varphi^2} = 0,01246$

(30) et (32) $\operatorname{Sin} i' = \operatorname{Tg} \frac{1}{2} \zeta \dfrac{v^2}{v^2 + 2\varphi^2}$ ... *inflexion* $i = 25',4$

Pour $\zeta = 61^\circ 21'$........ *réfraction* $= 1',8$

(33) *Inflexion* + *réfraction*.................. $i' = 27',2$

(34) et (36) $Æ' = Æ + \dfrac{i' \sin R}{\cos D}$.............. $Æ' = 149^\circ 51',0$

$P' = P + i' \dfrac{\sin R}{\cos D}$............... $P' = 72^\circ 33',0$

(34) et (35) $D' = D - i' \cos R$................ $D' = 22^\circ 40',9$

Correction des coordonnées équatoriales du point de radiation nécessitée par la rotation de la Terre :

(46) $u = 465^m \cos l$..... *vitesse du déplacement* $u = 303^m,00$

d'où......................... $\dfrac{u \times 1'}{\Phi \sin 1'} = 14',7$

(44) $dD' = \dfrac{u}{\Phi \sin 1'} \sin P' \sin D' \times 1'$ .... $dD' = + 5',4$

(P' positif car R était à l'est)

(45) $dÆ' = - \dfrac{u}{\Phi \sin 1'} \dfrac{\cos P'}{\cos D'} \times 1'$ .... $dÆ' = - 4',8$

Dans ces formules on peut prendre φ, P et D pour Φ, P' et D' (n° 30).

(38bis) $\begin{cases} Æ'' = Æ' + dÆ' \text{.................} & Æ'' = 149^\circ 46',2 \\ D'' = D' + dD' \text{.....................} & D'' = 22^\circ 46',3 \end{cases}$

Coordonnées écliptiques du point de radiation non troublé, déduites de $\mathcal{R}''$ et D'' :

Note du n° 13.

Obliquité de l'écliptique.................. $\Omega = 23°27',2$

$\mathrm{Tg}\,x = \cot D'' \sin \mathcal{R}''$..... *angle auxiliaire* $x = 50°10',8$

$\mathrm{Sin}\,\lambda_r'' = \dfrac{\sin D'' \cos(\Omega + x)}{\cos x}$....... *latitude* $\lambda_r'' = 9°48',4$

$\mathrm{Tg}\,L_r'' = \dfrac{\mathrm{Tg}\,\mathcal{R}'' \sin(\Omega + x)}{\sin x}$..... *longitude* $L_r'' = 143°56',9$

Vitesse relative modifiée par la rotation de la Terre, et telle qu'on la déterminerait directement, si l'observation était susceptible de précision :

(47) $\Phi' = \Phi + v \sin P' \cos D'$ (P' positif parce que le point de radiation est à l'est)..................... $\Phi' = 70^{km},95$

---

47. — Calcul définitif des éléments.

Calcul de φ'', vitesse relative de la Terre et des corpuscules non troublés :

Différence de leurs longitudes.... $L_r'' - L_t = 1°44',0$

(8) $\mathrm{Cos}\,TR'' = \cos \lambda_r'' \cos(L_r'' - L_t)$........ $TR'' = 9°57',5$

(10) $\mathrm{Sin}\,R''C'' = \sin TR'' \dfrac{V_1}{W_1}$............... $R''C'' = 7°14',3$

d'où *angle des directions des corpuscules et de la Terre*........... $TR'' + R''C'' = 17°11',8$

(11) $\varphi'' = W_1 \dfrac{\sin(TR'' + R''C'')}{\sin TR''}$ *vitesse relative* $\varphi'' = 69^{km},82$

Coordonnées de la direction du mouvement absolu des corpuscules non troublés :

(9) $\text{Cos}\,R''TR' = \dfrac{\text{Tg}(L_r'' - L_t)}{\text{Tg}\,TR''}$ .... $R''TR' = 80^\circ 04',5$

(13) $\text{Tg}(L_c'' - L_t) =$
$= \text{Tg}(TR'' + R''C'')\cos R''TR'$.... $L_c'' - L_t = 3^\circ 03',2$

d'où.......................... $L_c'' = 145^\circ 16',1$

(12) $\text{Sin}\,\lambda_c'' = \sin(TR'' + R''C'')\sin R''TR'$.... $\lambda_c'' = 16^\circ 55',9$

Éléments de l'orbite non troublée :

(48) et (49) $L_n = L_s$, parce que λ_c'' est positif
$=$ **Longitude du nœud ascendant** $L_n = 231^\circ 28',4$

(50) $\text{Tg}\,I = \dfrac{\text{Tg}\,\lambda_c''}{\sin(L_c'' - L_n)}$ **Inclinaison de l'orbite** $I = 163^\circ 02',0$

(51) Parce que λ_c'' positif, **Sens du mouvement** = Direct (*)

(52) $\text{Cos}\,\theta_1 = \cos\lambda_c'' \cos(L_c'' - L_n)$............ $\theta_1 = 86^\circ 22',2$

(53) $(1 - e^2) = \dfrac{\rho_1}{A}\left(2 - \dfrac{\rho_1}{A}\right)\sin^2\theta_1$........... $1 - e^2 = 0,18140$

d'où............. **Excentricité** $e = 0,9048$

(55) $p = A(1 - e^2)$.............. **Paramètre** $p = 1,8757$

(56) $\rho_0 = A(1 - e)$........ **Distance périhélie** $\rho_0 = 0,9844$

(57) et (58) $\text{Cos}\,\omega_1 = \dfrac{p - \rho_1}{e\rho_1}$ (même signe que $\cos\theta_1$) $\omega_1 = +7^\circ 40',0$

(59) $\text{Tg}\,OA' = \text{Tg}\,\omega_1 \cos I$ (négatif à cause de $\cos I$). $OA' = -7^\circ 20',2$

(60) $L_p = L_n \pm 180^\circ - OA'$ = **Long**^de^ **du périhélie** $L_p = 58^\circ 48',6$

(62) $\text{Cos}\,u = \dfrac{1}{e}\left(1 - \dfrac{\rho_1}{A}\right)$.................... $u = 1^\circ 42',0$

(64) $t = \dfrac{T}{2\pi}(u - e\sin u)$.................... $t = 5^j,470$

(65) $E_p = E_r \mp t$ **Époque du périhélie, t. de Paris** = nov. $8^j,087$
(— t parce que ω_1 est positif).

(*) Ou rétrograde si l'on prend pour inclinaison $16^\circ 58',0$.

CHAPITRE TROISIÈME.

MODES D'OBSERVATION ET CALCULS, POUR OBTENIR LE POINT DE RADIATION ET LES ALTITUDES DES MÉTÉORES.

§ I. — Appareil optique pour faire les visées.

48. — Nous avons raisonné jusqu'ici sur la direction suivie par les corpuscules quand ils sont à une *altitude moyenne de 100 kilomètres environ*. Il nous faut maintenant examiner comment on observera cette direction avec quelque exactitude.

Nous supposerons d'abord que les parties visibles des trajectoires des météores filants soient rectilignes; nous supposerons de plus, pour les raisons exposées au nº 3, que les trajectoires des météores contemporains soient parallèles entre elles (*). Alors si l'on mène deux plans par l'œil et par deux trajectoires *contemporaines*, la direction des corpuscules sera donnée par l'intersection de

(*) Ce parallélisme pourrait ne pas exister si, outre leur mouvement de translation autour du Soleil, les corpuscules étaient animés d'un *mouvement de tourbillonnement* dans l'essaim. Mais la masse de celui-ci n'est-elle pas trop faible et surtout trop peu condensée pour que ce dernier mouvement puisse exister avec une vitesse appréciable? Et s'il était sensible pour les corpuscules qui sont à la surface de l'essaim, le serait-il de même pour ceux de l'intérieur?

En attendant que les *observations précises de positions successives du point de radiation instantané* permettent de résoudre ces questions, on ne peut rien conclure du défaut de concours, sur un seul point, que signalent quelques observateurs, pour des *trajectoires tracées à vue sur des planisphères*. Car les écarts peuvent tenir, tant aux incertitudes du tracé, qu'au déplacement du point de radiation parmi les étoiles, pendant la durée des observations.

ces plans, et sa rencontre avec le ciel sera, pour l'instant considéré, le *point de radiation instantané apparent*. Il est vrai que les trajectoires sont courbes, et que les observations des deux trajectoires ne seront jamais simultanées ; mais nous verrons plus tard comment on peut corriger ces causes d'erreur.

Il est bien clair que, pour la discussion minutieuse à laquelle nous voulons soumettre le phénomène, nous ne pouvons pas nous contenter, comme on l'a fait jusqu'ici, de tracer à vue les directions des trajectoires sur un planisphère céleste, mais que nous devons fixer leur position à l'aide d'instruments gradués. La possibilité de ceux-ci sera prouvée, quand nous aurons montré que l'on peut diriger une ligne de visée sur le point d'inflammation et sur le point d'extinction d'un météore. C'est ce que nous allons faire d'abord.

49. — Pour ceux de ces phénomènes qui laissent après eux des traînées phosphorescentes, persistant pendant quelques instants, on serait tenté de croire que le pointé pourra se faire avec une lunette. Mais si l'on remarque que la traînée est très-peu lumineuse et que sa visibilité sera considérablement diminuée par l'éclairage du champ de la lunette, éclairage nécessaire pour que les fils soient visibles, si l'on se rend compte de l'hésitation que causera le grossissement des images, quand on voudra rechercher cette traînée au milieu du champ, on doit comprendre que l'emploi de la lunette sera *lent, difficile,* et que, le plus souvent, le phénomène se sera effacé pendant les tâtonnements que nécessitera le pointé. On n'aurait guère des chances de réussite qu'avec une *lunette terrestre, à large ouverture et à très-faible grossissement* (trois à quatre fois au plus), et seulement dans le cas des traînées les plus persistantes.

Pour les cas ordinaires, il semble préférable de sacrifier l'exactitude que procure le grossissement à la rapidité du pointé, et de faire en sorte que, *pendant celui-ci, l'œil ne cesse pas de voir le point du ciel où s'est produit le phénomène que l'on veut viser.*

Avec des viseurs ordinaires à œilleton (*) on ne pourrait que difficilement satisfaire à cette condition essentielle ; parce qu'il arrivera inévitablement que, pendant les déplacements assez rapides que l'on imprimera au viseur pour faire le pointé, l'œil ne restera pas centré sur l'œilleton, et alors il perdra de vue l'objet qu'il doit viser. On ne peut remplir les conditions imposées qu'au moyen de deux sortes de collimateurs que nous allons décrire successivement.

50. — Le premier est un *collimateur à réfraction.* Il serait formé d'un tube mince en laiton, terminé à l'une de ses extrémités par une lentille convergente de 10 à 15 centimètres de foyer, et à l'autre par un verre dépoli, ou mieux par un verre rendu mat par une couche d'émail blanc en poudre (comme pour les verres mousselines) ; ce verre serait incliné à 45 degrés sur l'axe. Dans l'intérieur du tube, et au foyer principal de la lentille, serait fixé un diaphragme percé d'un trou, de un demi à un millimètre de diamètre. Une petite lampe, placée latéralement et portée par l'instrument, éclairerait le verre dépoli. Alors les rayons lumineux, diffusés par celui-ci et qui traverseraient un point du diaphragme, seraient rendus parallèles par leur passage à travers la lentille ; de sorte

(*) Un œilleton employé pour des observations de ce genre devrait avoir un diamètre de 4 à 5 millimètres car, la pupille ayant pendant la nuit un diamètre de 6 à 7 millimètres, un œilleton plus étroit pourrait rendre les météores invisibles en diminuant trop la clarté.

que l'œil, placé devant celle-ci, verrait le trou du diaphragme comme un *disque lumineux, placé à l'infini, sur la direction de l'axe optique du collimateur.*

51. — Si, alors, l'œil se déplaçait de telle sorte que le prolongement du tube du collimateur coupât sa pupille en deux parties, il pourrait percevoir, en même temps, l'image du trou produite par les rayons lumineux réfractés par la lentille, et un météore situé à peu près dans la même direction, météore dont l'image serait produite par les rayons directs qui arrivent sur le segment de la pupille située en dehors du prolongement du tube. De sorte que par le déplacement de l'appareil, l'observateur pourrait amener le centre du disque lumineux en correspondance avec le point à viser; et alors l'axe optique de l'instrument correspondrait à ce point.

52. — Il est utile de remarquer que, pour la facilité et l'exactitude du pointé, il convient que l'image du disque lumineux ait un éclat à peu près égal à celui du météore. On obtiendra ce résultat, d'abord en réglant convenablement l'éclairage, puis en déplaçant légèrement la tête latéralement. Par ce déplacement on fera varier, en sens inverse, les grandeurs des segments de la pupille qui reçoivent, soit les rayons réfractés, soit les rayons directs, et, par conséquent, on fera varier aussi, en sens inverse, les éclats des images que l'on veut superposer; de telle sorte que, par une position convenable, on obtiendra l'égalité d'éclat. Ou mieux encore, par des déplacements rapides et alternatifs de la tête, on produira, pour les deux objets, des augmentations d'éclat qui se succéderont assez rapidement, pour que l'on puisse facilement comparer leurs positions. Cet artifice est tout à fait semblable à celui qu'emploient les dessinateurs avec la chambre claire.

53. — Le second collimateur serait *à réflexion*. Il serait plus volumineux et plus difficile à installer que le premier, mais il serait probablement d'un emploi plus commode. Il consisterait en un large verre, ayant une surface convexe et une surface concave à courbures égales. Au foyer principal de la surface concave serait installé un diaphragme, percé d'un trou, à travers lequel passerait la lumière d'une lanterne sourde, diffusée par un objet mat placé obliquement derrière le diaphragme. Les rayons qui auraient traversé un point de ce trou, seraient rendus parallèles par leur réflexion sur la surface concave du verre; de telle sorte que, pour l'œil qui regarderait dans le verre, mais *qui ne serait assujetti qu'à la condition d'être voisin du foyer,* ces rayons donneraient la sensation d'un *disque lumineux placé à l'infini, dans la direction de l'axe optique de l'appareil.* En même temps l'œil apercevrait le point à viser au travers du verre, comme au travers d'une glace à faces parallèles; et l'observateur déplacerait l'appareil jusqu'à ce que le centre de l'image du diaphragme vînt correspondre à ce point.

54. — La position de l'œil serait ici plus indépendante du mouvement de l'appareil qu'avec le collimateur à réfraction; car avec celui-ci le prolongement du tube doit toujours bissecter la pupille. On parviendrait d'ailleurs, rien qu'en changeant l'inclinaison du verre reflèteur sur la direction des rayons lumineux qui l'éclairent, à faire varier l'éclat du disque lumineux, assez pour qu'il fût égal à celui de l'objet que l'on vise. Mais peut-être serait-il plus commode et aussi sûr, pour faciliter le pointé, de laisser au disque un éclat supérieur à celui des météores, et de produire avec un écran des éclipses successives et rapides de ce disque.

L'expérience devra prononcer sur ces divers modes

d'observation. Il conviendra, sans doute, d'expérimenter les deux genres de collimateurs ; mais, tout bien considéré, il nous semble que le second devra être trouvé préférable au premier.

55. — Quelle pourra être l'exactitude du pointé avec ces appareils? Sur cette question nous en sommes réduit aux conjectures. Mais pour un collimateur à réfraction employé de jour, l'erreur moyenne de pointé est inférieure à une demi-minute. Pendant la nuit, et pour des objets peu lumineux, l'erreur de pointé sera certainement beaucoup plus considérable, mais il est probable qu'elle dépassera rarement deux minutes, surtout si, comme nous l'indiquerons plus loin, on se contente de bissecter les traînées lumineuses au lieu de viser leurs extrémités.

56. — Grâce à ces appareils, on peut espérer qu'un observateur très-habitué à l'emploi des instruments de topographie ou de géodésie parviendrait, après quelques essais, à viser avec une exactitude assez grande, même les points d'inflammation ou d'extinction des météores qui ne laissent pas de traînées persistantes ; *mais cela à la condition expresse que, pendant le pointé, l'œil ne cessât pas d'être dirigé vers le point du ciel où le phénomène aurait été constaté.* Au reste, quel que soit l'appareil optique dont on fasse usage, il importe extrêmement, pour satisfaire à cette dernière condition, que la tête de l'observateur soit placée vers le centre du mouvement de l'appareil goniométrique.

§ II. — Principes de la construction de l'instrument goniométrique et de son emploi.

57. — Pour fixer sur le ciel les positions des points d'inflammation et d'extinction des météores, on peut associer, à l'indication de l'heure des phénomènes, des

coordonnées sphériques fournies par deux sortes d'instruments : *l'alt-azimut* et *l'équatorial portatif*. On devra préférer l'un des instruments à l'autre, suivant les résultats que l'on voudra conclure des observations.

Si l'on cherche les coordonnées équatoriales du point de rencontre de deux trajectoires lumineuses contemporaines, ces coordonnées s'obtiendront à l'aide de calculs qui seront plus compliqués dans le cas de l'alt-azimut que dans le cas de l'équatorial, surtout si celui-ci est employé comme nous le dirons bientôt: ce second instrument serait donc alors préférable. Mais si l'on voulait conclure d'observations correspondantes, faites en deux localités éloignées, les altitudes des points d'inflammation et d'extinction, l'emploi de l'alt-azimut éviterait de longs calculs nécessités par les observations faites avec des équatoriaux. Nous étudierons donc les deux sortes d'instruments.

58. — Eu égard à l'erreur de pointé que donnent les collimateurs, il serait inutile de faire les lectures angulaires avec une précision plus grande que une minute. On obtiendra ce résultat, sans l'emploi des loupes qui, la nuit surtout, rendent les lectures fatigantes et sujettes à des fautes, en employant des limbes de 18 à 20 centimètres de diamètre *divisés en degrés*, et accompagnés de verniers donnant *les 5 minutes à la lecture*. On obtiendra alors facilement et sûrement la minute à l'estime; et l'absence des subdivisions de degrés fera éviter les oublis de fraction de degrés, oublis qui sont fréquents pour les lectures faites, comme ici, à la hâte.

59. — Chaque instrument sera muni d'une *petite lunette* qui servira pour sa vérification et son orientation; mais il portera en outre un collimateur dont, par des épreuves convenablement réitérées, on aura rendu *l'axe*

optique parallèle à celui de la lunette. Au reste, eu égard à la précision cherchée dans les lectures, on pourra donner à l'instrument des *rectifications permanentes.*

60. — Sur les deux limbes de l'alt-azimut on devra lire : 1° *les azimuts* comptés du sud en passant par l'ouest; 2° les *distances zénithales.* On installera l'instrument sur un socle en pierre, où on l'orientera en visant la polaire, et en ayant égard à la digression qui correspond à l'heure actuelle. L'instrument pourra servir aussi à la mesure de distances zénithales d'étoiles, d'où l'on conclura l'heure actuelle, ce qui permettra de régler le chronomètre.

61. — Outre son *limbe horaire* et son *cercle de déclinaison,* l'équatorial devra avoir un *cercle azimutal* et un *cercle des latitudes.* Si, à l'avance, on l'a convenablement réglé et calé (*) il suffira, pour l'orienter, de mettre son axe à la latitude du lieu, et sa lunette à la déclinaison actuelle d'une étoile peu distante du premier vertical (déclinaison corrigée de la réfraction, voir au n° 29) ; puis d'imprimer des mouvements autour de l'axe vertical et de l'axe polaire jusqu'à ce que l'étoile soit à la croisée des fils. Alors on rectifiera, s'il y a lieu, l'inclinaison de l'axe polaire en visant une étoile voisine du méridien, après avoir fixé la lunette à la déclinaison de cette étoile, corrigée de la réfraction; puis on corrigera l'orientation en visant, comme tout à l'heure, la première étoile. Enfin, on reconnaîtra que l'orientation est exacte en visant une troisième étoile presque symétrique de la première par rapport au méridien, et, en voyant si on lit, sur le cercle convenable, sa déclinaison corrigée de la réfraction en dé-

(*) L'instrument doit être combiné de telle sorte que ce réglage préalable puisse se faire par des retournements, comme s'il s'agissait d'un instrument de topographie.

clinaison. Alors quand on visera une étoile, dont l'ascension droite sera connue, on lira sur l'instrument son angle horaire, qui sera indépendant de la réfraction pourvu que l'étoile soit voisine du méridien ; et l'on en conclura immédiatement l'heure sidérale de l'observation. On pourra, par ce moyen, régler très-facilement le chronomètre, pourvu que le cercle horaire ait été convenablement réglé à l'avance.

62. — Avec l'instrument ainsi exécuté, si l'on observait les coordonnées équatoriales des extrémités de deux trajectoires lumineuses contemporaines AB et CE, il faudrait, pour en conclure les coordonnées équatoriales de leur point de rencontre, effectuer une série de calculs assez longs, que l'on peut réduire en modifiant l'observation comme nous allons l'indiquer.

On connaît toujours approximativement les coordonnées équatoriales du point de radiation. Partant de là dressons, pour divers instants de la nuit d'observation, pris de quart d'heure en quart d'heure par exemple, un tableau donnant, pour ce point approximatif, ses azimuts, ses distances zénithales et même ses *angles de position* que nous utiliserons plus tard (*). Ceci fait et l'équatorial ayant été préalablement orienté, déplaçons son axe polaire pour le diriger vers le point du ciel que va atteindre le point approximatif, à l'instant de notre table vers lequel nous marchons. Il suffira, pour cela, de lire l'azimut correspondant sur le cercle azimutal, et le complément de la distance zénithale correspondante sur le cercle des lati-

(*) Pour cela résolvons le triangle P*Zr*, dans lequel nous connaissons P*r*, PZ, et où nous donnons à P différentes valeurs. Les analogies de Néper nous donneront à la fois l'azimut PZ*r* et l'angle de position P*r*Z ; la distance zénithale P*r* sera ensuite donnée par la proportion des sinus.

tudes. Nous donnerons à l'axe qui aura ainsi changé de position et de rôle le nom *d'axe radiaire,* par analogie avec axe polaire.

63. — Dirigeons maintenant le viseur sur l'une des extrémités d'une trajectoire, et nous lirons : 1° sur le cercle de déclinaison un angle qui sera l'analogue de la déclinaison ou mieux de la distance polaire, mais qui sera rapportée à l'axe radiaire et que pour cela nous appellerons *une distance radiaire ;* 2° sur le cercle horaire, un autre angle que nous appellerons *angle diaire.* Pour la disposition actuelle de l'instrument cet angle aura pour origine le plan vertical qui passe par l'axe radiaire, et qui est l'analogue du méridien dans l'emploi habituel de l'équatorial. Les angles diaires se compteront d'ailleurs, comme les angles horaires, dans le sens du mouvement diurne.

64. — La distance radiaire et l'angle diaire fixeront, dans le ciel, la position du point visé, puisque ces coordonnées sont rattachées à un axe dont la position est connue. De sorte que si l'on observe, par ce procédé, les points extrêmes de deux trajectoires lumineuses AB, CE, que nous supposons contemporaines ou ramenées à la contemporanéité, la position du point de radiation R, qui est l'intersection de ces trajectoires, se trouvera fixée. Nous verrons plus loin comment on calculera, en fonction de ces données, non pas les coordonnées équatoriales de R, mais bien les différences à ajouter aux coordonnées provisoires de l'axe radiaire *r*; et la simplification des calculs tient précisément à ce que l'on calcule ces petites différences au lieu des quantités absolues cherchées.

65. — Mais les calculs seront encore assez longs, et ils se compliqueront de corrections nécessaires pour

ramener les trajectoires à la contemporanéité. On simplifierait beaucoup ces calculs si, au lieu de lui donner des installations fixes successives, on fixait l'axe radiaire parallèlement à la lunette d'un équatorial inférieur orienté, et si, de plus, on imprimait à cet *équatorial double* une rotation horaire autour de l'axe polaire, soit par un mouvement d'horlogerie, soit simplement en liant, à l'axe radiaire et dans une direction convenable, une petite lunette que, par le jeu de la vis tangente du cercle horaire, un aide maintiendrait toujours en correspondance avec une étoile convenablement choisie. Il résulterait de ce mouvement que l'axe radiaire serait toujours dirigé vers le même point du ciel mobile. De sorte que l'on pourrait combiner entr'elles, comme si elles étaient contemporaines, les trajectoires lumineuses observées successivement. De plus on serait dispensé du calcul de la table qui servait tout à l'heure à orienter l'axe radiaire.

Malgré ces avantages, il est douteux que l'on songe à réaliser cet équatorial double. On sera arrêté par la crainte d'une instabilité trop grande, et par celle d'une dépense qui serait assez considérable ; car il est probable que l'on devrait, à chaque station, employer deux instruments identiques, l'un pour les points d'inflammation et l'autre pour les points d'extinction

§ III. — Pratique des observations.

66. — Et d'abord, la direction du point de radiation étant donnée par la rencontre des deux plans qui passent par l'œil et deux trajectoires contemporaines, on conçoit que ce point sera d'autant mieux déterminé que les deux plans feront un angle moins différent d'un droit, et que chacun d'eux s'appuiera sur une trajectoire plus longue. On devra donc *ne viser que les longues trajectoires*, à

moins que l'on ne veuille comparer les résultats qu'elles donnent avec ceux que fourniraient des trajectoires assez courtes.

67.— Cela posé nous supposerons que l'on ait à observer des météores filants à traînées phosphorescentes. Si l'on veut déterminer leurs altitudes par des observations correspondantes, on devra viser autant que possible les extrémités de ces traînées ; mais si l'on a en vue de trouver seulement le point de radiation, on pourra se dispenser de viser ces extrémités ; car les directions des trajectoires seront données avec une exactitude suffisante, par l'observation de deux de leurs points pris à peu de distance de leurs extrémités. *Cette latitude dans l'observation rendra le pointé beaucoup plus rapide et plus précis :* la précision résultant de ce que le petit cercle lumineux qui sert de mire sera *bissecté* par la traînée lumineuse, au lieu d'être mis simplement en correspondance avec le point assez peu net qui la termine.

68. — La simplification du pointé que nous venons d'indiquer permettrait peut-être à *un seul observateur*, opérant avec l'équatorial disposé comme nous l'avons dit ci-dessus, de viser successivement les deux extrémités de chaque trajectoire, pourvu que celle-ci soit à traînée lumineuse persistante ; car pour passer d'un point à l'autre, le mouvement qu'il aura à imprimer à son viseur s'effectuera presque uniquement autour de l'axe du cercle de déclinaison. Mais il est à craindre que, pendant l'intervalle, de 10 à 15 secondes au moins, qui séparera les deux pointés, la seconde extrémité de la traînée n'ait changé très-notablement de place dans le ciel : ce qui aura inévitablement lieu si cette traînée est formée de particules solides incandescentes tombant vers la terre (n° 74). On pourrait bien, il est vrai, par des pointés

faits sur les traînées avec une lunette astronomique, constater si elles sont assez fixes. Mais, même en admettant cette fixité, il serait dangereux pour le succès des observations, de les faire reposer sur un seul observateur et un seul instrument ; la précipitation que cette manière de faire rendrait nécessaire, nuirait inévitablement à l'exactitude, et ferait commettre de nombreuses fautes ; d'ailleurs ce mode d'observation ne serait pas applicable aux météores sans traînées, ou à traînées peu persistantes.

69. — Le succès sera plus certain avec *deux instruments,* maniés par *deux observateurs* qui seront chargés d'observer, l'un les points d'inflammation, l'autre les points d'extinction. Ces deux instruments procureront d'ailleurs cet avantage que, s'ils sont appliqués à l'observation simultanée d'un même phénomène, la comparaison des résultats qu'ils donneront montrera le degré de précision sur lequel on peut compter.

70. — Un *observateur* devra être accompagné de *deux aides* au moins ; l'un pour faire les lectures sur les limbes, et l'autre pour inscrire ces diverses lectures et les remarques. Il serait même bon, pour permettre de constater les fautes, d'avoir un *second lecteur* inscrivant lui-même ses observations.

En outre, à chaque station, il faut un *observateur spécial, tenant un chronomètre à pointage* sur lequel il marque les instants d'apparition et de disparition des météores. Comme il doit toujours avoir les yeux vers le ciel, il doit être accompagné *d'un aide* qui fasse les lectures sur le chronomètre et les enregistre.

Enfin pour faciliter leur discussion immédiate, il serait bon qu'un dernier observateur traçât à vue les trajectoires sur un planisphère.

Les fonctions les plus délicates sont celles des observateurs qui visent. Pour conserver toute la sensibilité de leur vue, ils devront fermer les yeux quand on approchera la lumière des limbes pour y faire les lectures. Voici d'ailleurs comment se feront les observations, en supposant que l'on y emploie des équatoriaux, avec l'intention d'obtenir le point de radiation.

71. — Les aides lecteurs donneront, aux axes radiaires, la distance zénithale et l'azimut indiqués, dans la table des positions du point de radiation approximatif (nº 62), pour le quart d'heure qui suit l'époque actuelle. Ils feront contrôler ces positions par les lecteurs vérificateurs.

Alors les observateurs placeront les cercles radiaires, dans des plans faisant un demi-angle droit avec le plan vertical de l'axe radiaire, et, la personne chargée du chronomètre, ainsi qu'eux-mêmes, regarderont la région du ciel qui est située dans ce plan et sur une ligne faisant un angle d'une soixantaine de degrés avec la partie élevée de l'axe radiaire. Dès qu'une étoile filante apparaîtra dans les régions circonvoisines, chaque observateur dirigera le collimateur, d'abord avec la main, puis par des chocs légers (*) pour arriver à bissecter l'extrémité qu'il doit viser; puis il fermera les yeux et attendra que les lectures soient faites et contrôlées (**). Alors les obser-

(*) Des vis de rappel ralentiraient trop l'opération.

(**) Si, dans le cas des traînées persistantes, on n'employait qu'un seul équatorial, l'aide ne ferait pas les lectures immédiatement après l'observation du point d'inflammation; mais il repèrerait les premières positions des limbes, à l'aide de traits marqués simultanément sur les tranches de ceux-ci et sur des pièces fixes qui seraient presque en contact avec eux. Ces repères pourraient être de légers sillons faits avec une lame de canif, et accompagnés de gros traits de crayon

vateurs donneront aux cercles diaires des directions symétriques de celles de tout à l'heure, par rapport au plan vertical de l'axe radiaire, et ils guetteront l'apparition d'une seconde étoile filante à peu près symétrique de la précédente, et ils la viseront avec les mêmes précautions. Après quoi, on déplacera, s'il y a lieu, les axes radiaires, pour recommencer une autre couple d'observations, et ainsi de suite.

72. — Avec des alt-azimuts la marche des observations serait la même. On devrait toujours, si l'on visait à la détermination du point de radiation, faire en sorte que les plans passant par l'œil et les deux trajectoires de chaque couple fissent des angles s'écartant aussi peu que possible d'un droit; mais si l'on avait pour but de déterminer les altitudes des météores, il faudrait deux couples d'instruments observant simultanément les mêmes météores de deux stations éloignées. Nous verrons aux nos 83 à 89 les précautions qu'exigent ces observations et la manière d'en tirer parti.

§ IV. — Corrections des observations.

73. — Pour les corrections que les observations comportent, nous aurons à résoudre approximativement un grand nombre de triangles sphériques ABC, donnés par l'angle A et les deux côtés *b* et *c* qui le comprennent. Voici comment on pourra trouver les éléments inconnus.

On préparera une projection stéréographique, sur un

qui guideraient pour leur recherche ultérieure. Après l'observation du point d'extinction et les lectures y relatives, le lecteur ramènerait, à l'aide des repères, les limbes à leur position initiale, ferait les lectures correspondantes et effacerait les traits avec du papier d'émeri fin.

plan méridien, des méridiens et des parallèles de la sphère (*) (Fig. 17). Sur le méridien extrême on marquera, de P en Z, un arc égal au côté b. On lira, sur l'équateur, de E en Q, l'angle A, et sur le méridien, de P en R, le côté c; la rencontre S du méridien de Q et du parallèle de R sera la projection du troisième sommet du triangle PZS qui représentera, en projection, le triangle donné. Des points P et Z avec les distances respectives ZS et PS pour rayons, on décrira des arcs de cercle qui, par leur intersection en S', définiront le triangle sphérique PZS' symétrique de PZS. On lira alors, à l'aide de la chiffraison des parallèles, de P en S', l'amplitude du côté $PS' = ZS = a$, et puis, à l'aide de la chiffraison des méridiens, l'angle $ZPS' = PZS = C$. Si l'on avait besoin de l'angle B, on pourrait l'obtenir en portant, de P en Z, le côté c au lieu du côté b; alors PZS serait l'angle B. Mais il serait plus simple de déduire cet angle de la proportion des sinus des angles et des côtés opposés, en employant, pour le calcul, la règle logarithmique de Manheim. On voit au reste, par la solution précédente, que si l'on ne cherche que le côté opposé à l'angle connu et un second angle, on devra porter, de P en Z, le côté adjacent à l'angle donné et à l'angle cherché.

74. — Tous nos raisonnements et nos calculs ont porté jusqu'ici sur la direction suivie par les corpuscules au moment où ils atteignent la surface de niveau dont l'altitude est de 100 kilomètres (hauteur moyenne des trajectoires lumineuses). Soient (Fig. 18) MN cette surface, I et E les deux points d'inflammation et d'extinction observés sur la trajectoire décrite par un corpuscule. Cette

(*) On pourrait employer de la même manière une projection orthographique; mais le tracé de celle-ci serait d'une exécution moins commode.

trajectoire est courbe, d'une part à cause de l'action de la pesanteur sur le corpuscule, d'autre part, à cause de la résistance de l'air qui, en diminuant la vitesse, augmente encore la courbure. Soit ME′ la tangente à la trajectoire au point M : c'est la direction ME′ que nous avons besoin de connaître pour en conclure le point de radiation, tandis que, par l'observation des points I et E nous déterminons la corde IE de la trajectoire. Si les points I et E, sont, comme sur la figure, également distants de la surface NM, l'erreur commise sera négligeable ; mais il pourra en être autrement si le point d'extinction occupe une position quelconque sur la trajectoire IME.

Pour nous rendre compte de l'erreur que nous commettons, cherchons de combien cette trajectoire IME diffère de sa corde. Pour cela, soient Im la tangente en I, mMm' la verticale du point M, que nous supposons être à l'altitude 100 kilomètres, moyenne de celles de I et E. A cause de la faible courbure de IME nous pourrons poser

$$mM = Mm'.$$

Or, mM est la quantité dont le corpuscule est descendu vers la Terre, par suite de l'attraction de celle-ci, pendant son parcours de I à M. Soient s le nombre de secondes compris dans la durée de ce parcours, et $g' = 9^{m},50$ la valeur de la gravité à l'altitude 100 kilomètres ; on aura très-approximativement

$$(77) \qquad Mm' = mM = \frac{g's^2}{2} = 4^{m},75 \times s^2.$$

Cherchons maintenant l'angle soutendu par cette chute.

Pour cela, rabattons, sur le plan de la trajectoire, le plan vertical passant par Mm' et le lieu d'observation O ; et soient z = NOM la distance zénithale du point M,

$dz = \mathrm{MO}m'$, $\mathrm{ON} = \mathrm{H}$, $\mathrm{M}m' = d\mathrm{H}$ et $\mathrm{NM} = \mathrm{D}$. On aura

$$\mathrm{Tg}\,z = \frac{\mathrm{D}}{\mathrm{H}}.$$

Différentions en regardant D comme constant :

$$dz \frac{1}{\cos^2 z} = -d\mathrm{H} \times \frac{\mathrm{D}}{\mathrm{H}^2} = -d\mathrm{H} \frac{\mathrm{Tg}\,z}{\mathrm{H}},$$

d'où

$$dz = -\frac{d\mathrm{H}}{2\mathrm{H}} \sin 2z\,;$$

ou, en mettant la valeur de $d\mathrm{H} = \mathrm{M}m'$ (formule 77), celle de $\mathrm{H} = 100$ kilomètres, et exprimant dz en minutes,

$$(78) \quad dz = \frac{4^{\mathrm{m}},75}{200^{\mathrm{km}}} \times \frac{1'}{\sin 1'} s^2 \sin 2z = 0',082 \times s^2 \times \sin 2z.$$

Pour une trajectoire qui durerait sept secondes (et pour les météores périodiques des durées plus longues sont peu fréquentes) s serait égal à trois secondes et demie; alors, même pour $z = 45^{\circ}$, $\mathrm{M}m'$ soutendrait seulement une minute. Cet angle serait insensible pour l'œil, et celui-ci serait inhabile à constater la courbure de la trajectoire (*). On voit par là, *l'illusion des auteurs qui supposent que, par suite des actions que nous venons de considérer, les corpuscules descendent vers la Terre en décrivant des trajectoires très-courbées, comme celles des bombes.*

On serait tenté de croire, d'après cette discussion, qu'on n'aura pas à se préoccuper de la courbure des trajectoires lumineuses. Toutefois, si des observations faites

(*) La courbure sur laquelle nous raisonnons ici est celle qui écarte les divers points de la trajectoire d'un plan visuel passant par ses deux extrémités. Il faut se garder de la confondre avec la courbure apparente, qui est un effet de perspective sphérique et qui tient à ce que notre œil projette la trajectoire sur la voûte céleste.

avec précision montraient que les points d'inflammation ont des altitudes à peu près constantes, on devrait remplacer, dans nos diverses formules, 100 kilomètres par cette altitude; et alors, comme on chercherait la direction des tangentes aux trajectoires en ces points d'inflammation tels que I, on devrait calculer, par la formule (78) et d'après la durée s de l'étoile filante, la quantité dz dont il faudrait diminuer la distance zénithale du point d'extinction E pour obtenir celle du point E″, qui serait situé sur la tangente IE″ menée à la trajectoire, par le point I. On n'hésiterait pas à faire cette correction quelque minime qu'elle fût, car, pour l'obtenir, il suffirait de retrancher dz de la réfraction dont nous allons parler.

75. — Conformément à la remarque déjà faite au n° 29, les phénomènes observés ayant lieu dans les plus hautes régions de l'atmosphère, les réfractions qui les affectent et qui diminuent leurs distances zénithales, ne diffèrent pas sensiblement des réfractions astronomiques, correspondant aux mêmes angles. Voici comment on fera ces corrections de réfraction.

Dans le cas d'un alt-azimut, il suffira d'ajouter, à chaque distance zénithale, la réfraction quand il s'agira d'un point d'inflammation, et la réfraction moins la chute dz, que nous venons d'indiquer au n° 75, quand il s'agira d'un point d'extinction, ou bien seulement la correction de la réfraction si l'on ne recherche que des altitudes.

Pour les observations faites avec l'équatorial, et rapportées à l'axe radiaire, soient (Fig. 19) Z le zénith, r la direction de l'axe radiaire, B un point observé, BB′ la correction de la distance zénithale de ce point; cherchons l'angle diaire Δ_b' et la distance radiaire δ_b' du point B′, en fonction des coordonnées mesurées, Δ_b et δ_b, du point B.

On fera d'abord la résolution graphique du triangle ZrB, dans lequel on connaît l'angle $ZrB = \Delta_b$ et les deux côtés qui le comprennent (la distance Zr se lit sur l'instrument). On en conclura l'angle B et la distance zénithale ZB ; et, en fonction de celle-ci, on trouvera BB′ par les tables et, s'il y a lieu, par la formule (78).

Soit menée BE perpendiculaire à rB' ; à cause du triangle rectangle rBE et du petit triangle BEB′, que l'on peut considérer comme rectiligne, on pourra poser

$$\delta_b' = \delta_b + BB'\cos B, \tag{79}$$

$$\Delta_b' = \Delta_b + \frac{BE}{\sin\delta_b} = \Delta_b + \frac{BB'\sin B}{\sin\delta_b}. \tag{80}$$

Ces corrections bien connues se feront de la même manière pour les coordonnées de tous les points pour lesquels Δ sera plus petit que 180°. Dans le cas où, comme pour C, Δ serait plus grand que 180° il faudrait, dans les formules, considérer l'angle de position C comme négatif.

76. — Si l'atmosphère est nettement limitée à sa partie supérieure, le corpuscule qui rencontre sa surface, doit y éprouver une déviation brusque, une sorte de réfraction ayant un signe contraire à celui de la réfraction astronomique, et qui change, non-seulement sa direction, mais encore sa vitesse, comme cela a lieu pour une balle qui pénètre dans l'eau. L'inflammation serait alors causée, en partie (*), par une perte de force vive, et elle

(*) Nous disons, en partie, car depuis que M. Daubrée a démontré que les roches, à l'intérieur des aérolithes, n'ont pas été soumises, comme celles de la croûte terrestre, à des atmosphères oxydantes, et depuis que M. Alex. Herschel a constaté la présence du sodium dans les étoiles filantes, il est difficile de douter que l'oxydation de quelques-uns de leurs éléments ne joue un rôle important dans l'ignition des météores filants.

aurait lieu à une altitude peu inférieure à celle de la surface supérieure de l'atmosphère.

Nous n'avons aucun moyen de calculer à priori la valeur de cette sorte de réfraction. Mais nous pouvons remarquer que, pour une densité égale des corpuscules, la résistance du milieu sera d'autant plus énergique que ces corps seront plus petits. L'inflammation sera donc plus rapide, et la déviation sera plus grande pour les petits corpuscules que pour les gros. De plus, à grosseur égale, cette déviation sera d'autant plus forte que la direction du mouvement fera un plus petit angle avec la surface de l'atmosphère, ou que la distance zénithale du point de radiation sera plus grande.

Si (ce qui semble douteux) la déviation était notable, ces remarques permettraient de la conclure de la discussion des diverses coordonnées du point de radiation, déduites soit de petits, soit de gros météores, observés en un même lieu et dans un temps assez court; ou bien encore déduites d'observations simultanées de météores de première grandeur, faites en des lieux pour lesquels la distance zénithale du point de radiation serait très-différente; mais à condition, dans le second cas, qu'il n'y eut pas trop d'incertitude sur la vitesse absolue des corpuscules.

§ V. — Recherche du point de radiation.

77. — Cherchons maintenant les coordonnées équatoriales du point de radiation, en supposant d'abord des observations faites avec un alt-azimut. Soient (Fig. 20) Z le zénith, P le pôle, A'B' et C'E' deux *trajectoires corrigées*, z_a', z_b', z_c', z_e', les distances zénithales, et a_a, a_b, a_c, a_e, les azimuts des quatre extrémités, ces azimuts étant comptés de 0 à 360° en partant du sud et en pas-

sant par l'ouest. Prolongeons ces trajectoires jusqu'à leurs rencontres, en I et I', avec le méridien PZ; et soient z_i, z_i' les distances zénithales de ces points, et I et I' les angles ZIA' et ZI'C'.

Nous supposons que les deux trajectoires soient parcourues de A' vers B' et de C' vers E', et que, par conséquent, vu la position du pôle, le point de radiation soit à l'ouest. Nous supposons de plus que AB ait été observé m minutes avant CE.

Menons A'F et ZG perpendiculaires respectivement à ZB' et A'B', et soient ZF $= x$, GZB' $= y$, et ZB'A' $=$ B'. Dans le triangle rectangle ZA'F, on aura

$$\text{Tg}\,x = \text{Tg}\,z_a'\cos(a_a - a_b), \tag{81}$$

$$\text{Tg}\,\text{A'F} = \sin x\,\text{Tg}(a_a - a_b),$$

puis le triangle rectangle FA'B' donnera

$$\text{Tg}\,\text{B}' = \frac{\text{Tg}\,\text{A'F}}{\sin\text{FB}'} = \frac{\sin x\,\text{Tg}\,(a_a - a_b)}{\sin(z_b' - x)}\,; \tag{82}$$

et par le triangle rectangle ZGB' on aura

$$\text{Cot}\,y = \text{Cos}\,z_b'\,\text{Tg}\,\text{B}', \tag{83}$$

et

$$\cos\text{ZG} = \frac{\cos\text{B}'}{\sin y}.$$

Considérons maintenant le triangle rectangle ZGI, il nous donnera

$$\text{Cos}\,\text{I} = \sin(a_b + y)\cos\text{ZG} = \frac{\sin(a_b + y)\cos\text{B}'}{\sin y}. \tag{84}$$

Puis par le triangle ZB'I, on aura, enfin,

$$\text{Sin}\,z^i = \frac{\sin z_b' \times \sin\text{B}'}{\sin\text{I}}. \tag{85}$$

Le calcul des cinq équations (81), (82), (83), (84), (85) définira donc la direction de la trajectoire A'B'.

Pour C'E' on aura des équations analogues, qui seront

$$(86)\qquad \mathrm{Tg}\,x' = \mathrm{Tg}\,z_c' \cos(a_e - a_c),$$

$$(87)\qquad \mathrm{Tg}\,E' = \frac{\sin x' \,\mathrm{Tg}(a_e - a_c)}{\sin(z_e' - x')},$$

$$(88)\qquad \mathrm{Cot}\,y' = \cos z_e' \,\mathrm{Tg}\,E',$$

$$(89)\qquad \mathrm{Cos}\,I' = \frac{\sin(a_e - y')\cos E'}{\sin y'},$$

$$(90)\qquad \mathrm{Sin}\,z_i' = \frac{\sin z_e' \times \sin E'}{\sin I'}.$$

Ces calculs sont moins compliqués qu'ils ne le paraissent; car, s'ils sont conduits avec méthode, pour chacune des trajectoires ils n'obligeront à ouvrir les tables de logarithmes qu'en dix endroits; et il doit être bien entendu qu'on se contentera de tables à cinq décimales.

78. — Pour conclure des données précédentes les coordonnées du point de radiation, il faut remarquer que, pour obtenir la position de ce point parmi les étoiles, il faut supposer que les trajectoires lumineuses laissent, sur la sphère céleste, des traces permanentes dont la rencontre sur le ciel mobile est le point cherché. Or, lorsque nous observons la trajectoire CE, m minutes après AB, celle-ci, s'est déjà déplacée avec le ciel en tournant, autour de l'axe du monde et dans le sens du mouvement diurne, d'un angle égal $15 \times m$ minutes de degré. Soit A''B'' sa position après ce déplacement ou mieux après le déplacement de A'B' qui est AB corrigé; l'intersection de A''B'' et de C'E' donnerait la position du point de radiation pour l'époque de l'observation CE. Si nous voulons, au contraire, l'obtenir pour l'époque de l'observation AB, il faudra faire rétrograder, autour de l'axe du monde, de $15 \times m$ minutes de degré, la trajectoire C'E', ce qui

l'amènerait en $C''E''$, et chercher l'intersection R de ce dernier arc et de $A'B'$. Nous allons résoudre la question dans cette seconde hypothèse.

Par cette rétrogradation, le point I' vient en I_1' en décrivant le parallèle II_1', le méridien PI' devient le cercle horaire PI_1' et l'angle de la trajectoire $I_1'C''$ avec le cercle horaire n'a pas changé ; de sorte que l'on a encore $PI_1'C'' = I'$. La trajectoire déplacée rencontre le méridien en I'' et fait avec lui un angle que nous appellerons I''. Cherchons cet angle et de plus PI''.

Soit l la latitude du lieu, on a $PZ = 90^o - l$, donc $PI' = z_i' - 90^o + l$.

Comme d'ailleurs on a $I'PI_1' = 15 \times m \times 1'$, on aura

$$I'I_1' = -15 m \cos(z_i' + l) \times 1'.$$

Mais à cause de sa petitesse, le triangle $I'I_1'I''$ peut être regardé comme rectiligne et rectangle en I' ; par suite, il donnera

$$I'I'' = I'I_1' \times \operatorname{Cot} I'',$$

ou bien, en mettant à la place de $I'I_1'$ sa valeur et remplaçant I'' par I' qui en diffère peu

$$(91) \qquad I'I'' = -15 m \cos(z_i' + l) \operatorname{Cot} I' \times 1'.$$

Et l'on aura enfin

$$(92) \qquad z_i'' = ZI'' = z_i' + I'I''.$$

Pour obtenir I'' nous pouvons appliquer la méthode usitée en géodésie pour le calcul des azimuts réciproques ; elle nous donnera

$$(93) \qquad I'' = I' - 15 m \cos\left(z_i' + l + \frac{I'I''}{2}\right) \times 1'.$$

79. — Cherchons maintenant l'ascension droite Æ et la déclinaison D du point de radiation R, rencontre de IA' et de $I''C''$. Pour cela considérons le triangle $I'I''R$;

nous y connaissons les deux angles I et I″ et le côté adjacent $I''I = z_i + z_i''$; par les analogies de Néper, nous calculerons les deux côtés I″R et IR.

Maintenant, dans le triangle PIR, nous connaissons l'angle I et les deux côtés qui le comprennent, savoir : IR que nous venons de calculer et $PI = z_i + 90^o - l$; nous pouvons donc déterminer l'angle P et le côté PR, par des formules semblables à celles qui servent à transformer les coordonnées célestes, formules que nous rappelons en les appliquant au cas présent.

z étant un angle auxiliaire donné par la relation (*)

$$\text{Tg}\, z = \text{Tg}\, \text{IR} \cos \text{I}, \tag{94}$$

on aura

$$\text{Tg}\, \text{P} = \frac{\sin z \,\text{Tg}\, \text{I}}{\sin(\text{PI} - z)}, \tag{95}$$

$$\text{Sin}\, \text{D} = \cos \text{PR} = \frac{\cos \text{IR}}{\cos z} \cos(\text{PI} - z). \tag{96}$$

Enfin, si t est le temps sidéral de l'observation AB, on aura pour l'ascension droite, en degrés, du point R

$$\text{Æ} = t \times 15 - \text{P}. \tag{97}$$

Il est utile de remarquer qu'il n'y a pas lieu de faire subir à ces coordonnées la correction de réfraction que nous avons indiquée au n° 30, parce que, ici, la correction a été faite sur les distances zénithales des points A, B, C, E.

On voit que nous avions raison de dire que les observations avec l'alt-azimut donnaient lieu à de longs calculs. Ceux-ci sont beaucoup plus courts dans le cas de l'équatorial.

(*) Si l'on mène, par R, l'arc RL perpendiculaire à PI, z représente l'arc LI.

80. — Soient maintenant (Fig. 21), pour des observations faites avec l'équatorial, P le pôle, Z le zénith, $PZ = 90^o - l$ la colatitude, r la direction de l'axe radiaire, P_r son angle horaire, p_r sa distance au pôle, a_r son azimut, z_r sa distance zénithale, et $r = PrZ$ son angle de position. Ces diverses quantités nous sont connues (n° 62). Soient encore A'B' et C'E' deux trajectoires observées successivement à un intervalle de m minutes, et Δ_a', Δ_b', Δ_c', Δ_e', les angles diaires et δ_a', δ_b', δ_c', δ_e', les distances radiaires de leurs extrémités. Nous supposons que ces angles ont été déduits des angles observés en corrigeant ceux-ci, comme nous l'avons expliqué au n° 76, des effets de la réfraction et, s'il y a lieu, de la courbure des trajectoires.

Du point A', menons l'arc A'F perpendiculaire à rB' et écrivons $rB'A' = B'$; les deux triangles rectangles A'FB', A'Fr, donneront

$$\sin A'F = \sin B' \sin A'B' = \sin(\Delta_a' - \Delta_b')\sin\delta_a'.$$

Mais à cause du mode d'observation, le point r est assez voisin du point de radiation R, pour que les angles $B'rA'$ et B' puissent être traités comme très-petits ; on pourra donc remplacer leurs sinus par ces angles eux-mêmes, et écrire sans erreur notable

$$A'B' = rB' - rA' = \delta_b' - \delta_a',$$

on aura donc

$$B' = (\Delta_a' - \Delta_b')\frac{\sin\delta_a'}{\sin(\delta_b' - \delta_a')}. \tag{98}$$

Maintenant soient I l'intersection de la trajectoire avec le cercle de déclinaison Pr, et $rIB' = I$. On connaît dans le triangle $rB'I$ un côté $rB' = \delta_b'$ et les deux angles adjacents, car on a

$$PrB' = r + \Delta_b',$$

d'où

(99) $$B'rI = 180^{\circ} - (r + \Delta_{b}').$$

Calculons l'angle I et puis rI. Pour cela menons rG perpendiculaire à B'I. Nous aurons, dans le triangle rectangle $rB'G$,

(100) $$\operatorname{Cot} B'rG = \cos\delta_{b}' \times \operatorname{Tg} B'.$$

Mais par le triangle rGI, rectangle en G, et qui étant petit peut être considéré comme rectiligne, on aura

$$I = 90^{\circ} - GrI = 90^{\circ} - (B'rI - B'rG),$$

et, à cause de la valeur de $B'rI$ (formule 99)

(101) $$I = r + \Delta_{b}' - 90^{\circ} + B'rG.$$

Enfin, le triangle IrB' donnera

$$\operatorname{Sin} rI = \frac{\sin B' \sin\delta_{b}'}{\sin I};$$

ou, à cause de la petitesse de rI et de B',

(102) $$rI = \frac{B' \sin\delta_{b}'}{\sin I}.$$

Si nous appliquons des opérations et des notations analogues à la trajectoire C'E', sur laquelle nous menons du point r la perpendiculaire rG', et pour laquelle nous faisons $rE'C' = E'$ et $rI'E' = I'$ nous aurons les formules suivantes :

(103) $$E' = (\Delta_{e}' - \Delta_{c}')\frac{\sin\delta_{c}'}{\sin(\delta_{e}' - \delta_{c}')},$$

(104) $$\operatorname{Cot} E'rG' = \cos\delta_{e}' \operatorname{Tg} E',$$

(105) $$I' = r + \Delta_{e}' - 90^{\circ} + E'rG',$$

(106) $$rI' = \frac{E' \sin\delta_{e}'}{\sin I'}.$$

81. — Maintenant, en raisonnant comme au n° 78, pour rendre la trajectoire E'I' contemporaine de A'B', faisons-la rétrograder, autour de l'axe du monde, d'un angle horaire égal à 15 m minutes de degré. Cette trajectoire deviendra $E''I_1'$ qui forme avec le cercle de déclinaison Pr un angle $PI''E'' = I''$; et l'on aura, en opérant comme au numéro cité

(107) $$I'I'' = 15m \sin(p_r + rI') \operatorname{Cot} I' \times 1',$$

(108) $$I'' = I' + 15m \cos\left(p_r + rI' - \frac{I'I''}{2}\right) \times 1',$$

ou bien on pourra, sans erreur notable, prendre $I'' = I'$.

On aura ensuite, pour la base du triangle IRI'' dont les angles en I et I'' viennent d'être déterminés,

(109) $$II'' = rI' - I'I'' - rI.$$

Mais ce triangle est assez petit pour être considéré comme rectiligne. On aura donc

(110) $$RI = \frac{II'' \sin I''}{\sin(I + I'')} \quad \text{et} \quad RI'' = \frac{II'' \sin I}{\sin(I + I'')}.$$

Menons RH perpendiculaire à II'', et nous aurons

(111) $$IH = RI \cos I, \quad \text{et} \quad I''H = RI'' \cos I'',$$

(112) $$RH = RI \sin I = RI'' \sin I''.$$

Mais RH se confond sensiblement avec le parallèle du point R. Donc, en désignant par D et Æ la déclinaison et l'ascension droite de ce point, et par t l'heure sidérale de l'observation AB, on aura

(112) $$D = 90° - PH = 90° - p_r - rI - IH = 90° - p_r - rI'' + I''H;$$

puis, dans le triangle rectangle PRH où RH et l'angle opposé sont petits,

(114) $$RPH = \frac{RH}{\cos D};$$

et enfin

(115) $$Æ = 15t - ZPR = 15t - P_r - RPH.$$

82. — On voit que la marche suivie ici est analogue à celle que nous avons appliquée pour les observations faites avec les alt-azimuts ; mais, tandis qu'alors on opérait sur de grands arcs, dans le cas présent, toutes les quantités à calculer sont petites, ce qui permet souvent de remplacer les sinus des arcs et des angles par les nombres de minutes qu'ils renferment, ou de traiter des triangles sphériques comme s'ils étaient rectilignes ; et cela produit une grande simplification dans les formules. De plus on pourra, pour calculer celles-ci, se contenter de tables à trois décimales, tandis que cinq décimales sont indispensables dans le cas de l'alt-azimut (*). Ou même, ici, quand les observations auront été faites de telle sorte que Rr ne dépasse pas un degré, on pourra se contenter d'employer la règle logarithmique pour les divers calculs.

D'ailleurs il est bon de remarquer que, dans les deux cas, les formules seront générales, si l'on a égard aux signes des quantités qu'elles renferment, pourvu que la trajectoire observée la première, et à l'heure de laquelle on rapporte tout, soit celle qui, pendant le mouvement du ciel, passerait au méridien supérieur après le point de radiation. Toutefois, malgré cette généralité, il sera prudent de guider chaque application des formules par une figure particulière.

(*) On aurait bien pu faciliter un peu les calculs de ce cas, en partant d'une position approchée du point de radiation, comme nous venons de le faire dans le second cas. Il pourra y avoir intérêt à effectuer cette simplification, si l'on veut chercher à conclure le point de radiation d'observations nombreuses faites avec des alt-azimuts.

§ VI. – Recherche des altitudes des météores filants.

83. — Indiquons, pour compléter ce travail, les moyens de déterminer, par des observations correspondantes, faites en deux stations éloignées avec des altazimuts, les altitudes des points extrêmes des trajectoires météoriques.

On sait que, par des méthodes peu précises, ces altitudes ont été trouvées, en moyenne, de 120 kilomètres pour le point d'inflammation, et de 80 kilomètres pour le point d'extinction. D'après ces hauteurs on peut estimer que les stations doivent être distantes de 250 à 350 kilomètres.

Si leur distance était trop grande, l'éclat d'un grand nombre de météores, facilement observables à l'une des stations, pourrait être trop diminué pour l'autre, tant à cause de leur distance que de leur faible hauteur au-dessus de l'horizon. D'ailleurs, les rayons visuels qui doivent déterminer les points, se couperaient souvent sous des angles trop obtus.

Si les stations étaient trop rapprochées, les météores à observer s'écarteraient trop peu du zénith, ce qui rendrait la position des observateurs très-gênante ; et de plus les rayons visuels pourraient se couper sous des angles trop aigus.

On estime qu'il peut être convenable que, dans le choix des stations, on fasse en sorte quelles s'écartent peu d'une perpendiculaire à la direction que suivent, en moyenne, pendant les heures d'observation, les projections horizontales des trajectoires, ou, ce qui revient au même, à la direction moyenne du plan vertical du point de radiation. Il est bien évident d'ailleurs que la distance supposée entre les deux observateurs est telle que, pour avoir des chances d'observer les mêmes météores, chacun d'eux ne devra surveiller que la région du ciel qui est au-dessus de l'autre.

84. — Ceci admis soient (Fig. 22) O le centre de la Terre ; OS_1, OS_2, OX, les verticales des deux stations S_1 et S_2, et d'un point visé X ; $S_1 s_2 x$ le triangle sphérique obtenu en joignant les rencontres de ces verticales et de la surface de niveau de S_1 ; o, le nombre de minutes compris dans l'arc $S_1 s_2$.

Soient encore L_1, L_2, M_1, M_2, h_1, h_2 les latitudes, longitudes et altitudes des deux stations; A_1, A_2 les azimuts réciproques de S_1S_2, pris sur les horizons des deux stations ; $D = S_1 s_2$ la distance géodésique de celles-ci, distance que l'on peut considérer comme égale à la droite S_1S_2 qui les réunit. On aura

$$(116) \quad \operatorname{Cotg} A_1 = \frac{L_2 - L_1}{(M_2 - M_1)\cos L_2} + \frac{\sin 1'}{2}(M_2 - M_1)\sin L_2,$$

$$(117) \quad \operatorname{Cotg} A_2 = \frac{L_1 - L_2}{(M_1 - M_2)\cos L_1} + \frac{\sin 1'}{2}(M_1 - M_2)\sin L_1,$$

$$(118) \qquad D = S_1 s_2 = -\frac{R(M_2 - M_1)\cos L_2 \sin 1'}{\sin A_1}.$$

Dans ces formules $L_2 - L_1$, $M_2 - M_1$ sont exprimées en minutes, et $R = 6370$ kilomètres est le *rayon de courbure moyen de la terre;* les azimuts sont comptés de zéro à 360°, en partant du sud et en passant par l'ouest; les longitudes sont positives ou négatives suivant qu'elles sont orientales ou occidentales (*).

(*) Ces formules sont déduites de celles que donne Puissant (*Traité de Géodésie,* 3e édition, tome I, page 368). Ces dernières tiennent compte de l'aplatissement du globe, qui est négligeable ici. Si l'on voulait y avoir égard il faudrait multiplier les premiers

Cherchons maintenant les distances zénithales réciproques, $Z_1 = Z_1S_1S_2$ et $Z_2 = Z_2S_2S_1$, de la droite qui joint les deux stations. Pour cela menons S_1P perpendiculaire à OS_2 ; nous aurons, sans erreur appréciable

(119) $$o \times 1' = \frac{D \times 1'}{R \sin 1'};$$

$$s_2P = \frac{D^2}{2R} \qquad \text{et} \qquad S_2P = \frac{D^2}{2R} + h_2 - h_1.$$

(120) $$\operatorname{Cotg} Z_2 = -\frac{S_2P}{S_1P} = -\frac{D}{2R} - \frac{h_2 - h_1}{D};$$

puis

(121) $$Z_1 = 180^\circ - Z_2 + o.$$

85. — Soient maintenant a_1, a_2, z_1, z_2, les azimuts et les distances zénithales d'un point X, observé simultanément des deux stations. Appelons z_1', z_2' ces deux distances zénithales augmentées de la réfraction astronomique ; z_1' et z_2' sont représentés sur la figure par les angles rectilignes Z_1S_1X et Z_2S_2X (*).

termes de (116) et de (117) par $\frac{\rho}{N}$ et remplacer dans (118) R par N; ρ et N étant respectivement, pour la latitude $\frac{L_1 + L_2}{2}$, les rayons de courbure du méridien et de la section normale à ce méridien ; N est aussi, dans l'ellipsoïde, la normale arrêtée au petit axe de la courbe.

(*) Il pourrait paraître naturel de chercher d'abord, au moyen du triangle S_1s_2x, les *distances géodésiques* S_1x et s_2x, et d'employer ensuite celles-ci pour calculer les différences de niveau de S_1 et X, de S_2 et X ; mais cette marche exposerait à de graves erreurs. En effet, très-souvent, l'angle x sera extrêmement obtus ; de sorte que les erreurs qui affectent les azimuts a_1, a_2 causeront, sur S_1x et s_2x, des erreurs très-considérables ; et celles-ci causeront,

Prenons d'abord S_1 pour centre d'une sphère. Celle-ci sera coupée, par les plans verticaux de S_1S_2 et de S_1X et par le plan du triangle S_1S_2X, suivant un triangle sphérique, dans lequel nous connaissons les deux côtés Z_1 et z_1' et l'angle σ_1 qu'ils comprennent; car cet angle est la différence des azimuts de S_2 et de X, de sorte que l'on a

$$(122) \qquad \sigma_1 = a_1 - A_1.$$

Nous pourrons donc calculer, par la méthode déjà employée plusieurs fois dans ce travail, le côté α_1 opposé à σ_1, côté qui mesure l'angle S_1 du triangle plan S_1S_2X, et l'angle I_1 qui mesure l'inclinaison de ce triangle plan sur le plan vertical de la base S_1S_2. Pour cela, soit y_1 un angle auxiliaire, nous aurons

$$(123) \qquad \mathrm{Tg}\, y_1 = \mathrm{Tg}\, z_1' \cos\sigma_1,$$

$$(124) \qquad \mathrm{Tg}\, I_1 = \frac{\mathrm{Tg}\,\sigma_1 \sin y_1}{\sin(Z_1 - y_1)},$$

$$(125) \qquad \mathrm{Cos}\,\alpha_1 = \frac{\cos z_1'}{\cos y_1} \cos(Z_1 - y_1).$$

En opérant de même au point S_2, on aura

$$(126) \qquad \mathrm{Tg}\, y_2 = \mathrm{Tg}\, Z_2' \cos\sigma_2,$$

$$(127) \qquad \mathrm{Tg}\, I_2 = \frac{\mathrm{Tg}\,\sigma_2 \sin y_2}{\sin(Z_2 - y_2)},$$

$$(128) \qquad \mathrm{Cos}\,\alpha_2 = \frac{\cos z_2'}{\cos y_2} \cos(Z_2 - y_2).$$

sur les différences de niveau des erreurs comparables à elles-mêmes, puisque les rapports des hauteurs et des distances varieront habituellement entre $\frac{1}{1}$ et $\frac{1}{3}$.

86. — Avant d'aller plus loin, remarquons que si les observations de chaque station se rapportent au même phénomène, on trouvera pour I_1 et I_2 des valeurs qui différeront seulement d'un petit nombre de minutes ; ce qui n'aurait pas lieu pour des observations se rapportant à deux phénomènes différents. *Cette égalité de* I_1 *et* I_2 *est un caractère aussi certain de l'identité des phénomènes observés, que celui que l'on pourrait conclure de signaux télégraphiques.* On devra toujours la constater avant de continuer les calculs.

87. — Supposons que la différence $I_2 - I_1 = i$ soit très-faible, il faudra tout d'abord la faire disparaître. Or, elle proviendra principalement des erreurs de pointé, qui seront probablement d'autant plus grandes que le météore observé aura paru moins lumineux. On *estime* qu'on satisfera passablement aux probalités d'erreur, en répartissant i, sur I_1 et I_2, proportionnellement aux tangentes des distances zénithales z_1 et z_2. On aura donc pour l'inclinaison corrigée, et en choisissant les signes convenables

$$(129) \qquad I = I_1 + \frac{i \operatorname{Tg} z_1}{\operatorname{Tg} z_1 + \operatorname{Tg} z_2} = I_2 - \frac{i \operatorname{Tg} z_2}{\operatorname{Tg} z_1 + \operatorname{Tg} z_2}.$$

Ces corrections entraîneront des corrections correspondantes pour α_1, α_2 et z_1', z_2', qui deviendront α_1', α_2' et z_1'', z_2''. Voici comment on calculera ces corrections :

Soit $Z_1I_1V_1$ (Fig. 23) le triangle sphérique considéré tout à l'heure. On le résoudra approximativement (n° 73), pour trouver la valeur de l'angle V_1 ; ou bien, avec la règle à calculs, on aura $\sin V_1 = \frac{\sin Z_1 \sin I_1}{\sin z_1'}$. Alors si l'on augmente l'angle I_1 de dI_1, le point V_1 viendra en V_1', et si l'on mène $V_1'N$ perpendiculaire à V_1I_1, la considération du petit triangle $V_1V_1'N$, que l'on peut regarder comme rectiligne et rectangle donnera

$$z_1'' = z_1' + \frac{dI_1 \sin\alpha_1}{\sin V_1}, \tag{130}$$

$$\alpha_1' = \alpha_1 + \frac{dI_1 \sin\alpha_1}{\mathrm{Tg} V_1}. \tag{131}$$

On aura, par des raisonnements analogues,

$$z_2'' = z_2' + \frac{dI_2 \sin\alpha_2}{\sin V_2}, \tag{132}$$

$$\alpha_2' = \alpha_2 + \frac{dI_2 \sin\alpha_2}{\mathrm{Tg} V_2}. \tag{133}$$

88. — Ceci fait, le triangle rectiligne S_1S_2X (Fig. 22), donnera

$$d_1 = S_1X = D\frac{\sin\alpha_2'}{\sin(\alpha_1' + \alpha_2')}, \tag{134}$$

$$d_2 = S_2X = D\frac{\sin\alpha_1'}{\sin(\alpha_1' + \alpha_2')}. \tag{135}$$

Maintenant représentons (Fig. 24) le plan passant par les verticales de S_1 et de X ; et soient XN une perpendiculaire à OZ_1, XZ_1 un arc de cercle décrit de O comme centre, et $H_1 = S_1Z_1$ la différence de niveau de S_1 et X. On aura

$$H_1 = S_1N + NZ_1.$$

Mais on a $NZ_1 = \dfrac{\overline{NX}^2}{ON + OX} = \dfrac{\overline{NX}^2}{2ON}$ à peu près, donc

$$H_1 = d_1 \cos z_1'' + \frac{d_1^2 \sin^2 z_1''}{2(R + d\cos z_1'')};$$

ou, en remplaçant au dénominateur $d \cos z_1''$ par la valeur moyenne 100 kilomètres

(136) $$H_1 = d_1 \cos z_1'' + \frac{(d_1 \sin z_1'')^2}{12\,940^{km}}.$$

Et, enfin, en appelant H_x l'altitude du point X, on aura

(137) $$H_x = h_1 + H_1.$$

En opérant de même pour le côté S_2X, on aura

(138) $$H_2 = d_2 \cos z_2'' + \frac{(d_2 \sin z_2'')^2}{12\,940^{km}},$$

(139) $$H_x = h_2 + H_2.$$

89. — Il importe de remarquer que les deux valeurs de H_x devront être identiques, puisque les erreurs d'observation ont été *compensées* dans les éléments qui servent au double calcul. Le résultat n'en sera pas moins affecté d'erreurs provenant des inexactitudes qui existeront inévitablement dans z_1'', z_2'' et α_1', α_2' et, par suite, dans d_1 et d_2. Mais, tout bien considéré, et en portant même à cinq minutes les erreurs de pointé, il est probable que, si les opérations sont faites comme nous l'avons indiqué, *l'erreur de l'altitude* H_x *ne sera que d'un petit nombre d'hectomètres et dépassera rarement un demi-kilomètre.* Au reste l'erreur probable de H_x pourrait être calculée à priori si celle des pointés avait été déterminée par expérience.

CHAPITRE QUATRIÈME.

RELATIONS ENTRE LA FRÉQUENCE DES MÉTÉORES ET LA DENSITÉ DE L'ESSAIM QUE LA TERRE TRAVERSE.

§ I. — Nombre des rencontres visibles des trajectoires et d'une surface sphérique.

90. — C'est avec juste raison, que les personnes qui observent les pluies d'étoiles filantes périodiques notent, pendant la durée du phénomène, les nombres de ces météores qu'elles voient dans des temps égaux, de cinq minutes par exemple. Car on peut déduire, pour chaque instant, des *fréquences apparentes* plus ou moins grandes des météores, les *densités numériques* de l'essaim, c'est-à-dire les nombres de corpuscules qu'il renferme dans des volumes égaux. Toutefois, les nombres qui expriment les fréquences et les densités sont loin d'être proportionnels; car nous allons voir que, pour une densité égale, les *rencontres avec la sphère* R et la *fréquence des météores visibles* varient considérablement avec la valeur de la distance zénithale du point de radiation.

91. — Supposons donc une répartition régulière des corpuscules d'un essaim et cherchons les nombres de ceux qui, pendant un temps donné, traversent les diverses parties de la sphère de rayon R concentrique à la Terre.

Faisons d'abord abstraction des inflexions que l'attraction de la Terre produit dans les directions des corpuscules (Fig. 26). Nous pourrons admettre que, dans leur mouvement relatif, tous ceux de ces corpuscules qui viendront rencontrer la sphère de rayon R, auront décrit des droites parallèles au rayon visuel qui aboutit au point de radiation. Soient (Fig. 25) EC cette direction du mouvement relatif, et ab le diamètre d'un petit cercle indiquant la limite de visibilité des étoiles filantes, produites par des corpuscules d'une certaine grandeur, que peut apercevoir l'observateur O situé sur la Terre (nº 1). Cet observateur ne verra briller, sur la sphère R, que ceux des corpuscules de la grandeur considérée qui se seront mus dans le cylindre dont la base est ce petit cercle, et dont les génératrices sont parallèles à la direction EC des corpuscules. Or, si l'on suppose que ceux-ci soient régulièrement espacés dans l'essaim, on pourra les considérer comme uniformément répartis sur les trajectoires rectilignes équidistantes qu'indique la figure. Alors le nombre n de corpuscules que l'observateur O verra, pendant un temps donné, sur la petite calotte ab, sera *proportionnel* au cosinus de la distance zénithale ζ du point de radiation ; car ce nombre est proportionnel à la section droite ab' du cylindre qui s'appuie sur cette calotte, et, pour un même diamètre du cercle de visibilité ab, cette section est proportionnelle au cosinus de $b'ab = \zeta$.

La même proportion aura lieu pour des corpuscules d'une grandeur différente, quel que soit le diamètre de leur cercle de visibilité. On peut donc dire, en généralisant :

Que pour une même répartition des corpuscules dans l'essaim, le nombre de ceux que l'on verra briller sur la sphère de rayon R *sera, en chaque lieu et à chaque instant, proportionnel au cosinus de la distance zénithale du point de radiation.*

Soient donc n_0 et n les nombres qui correspondent aux distances zénithales du point de radiation zéro et ζ, on aura

$$n = n_0 \cos \zeta.$$

BIBLIOTHÈQUE IMPÉRIALE (140) IMPR.

Cette formule est indépendante de la transparence de l'atmosphère ; mais elle suppose que cette circonstance est la même pour les observations que l'on compare. Il ne faut pas oublier d'ailleurs qu'elle se rapporte aux nombres de points lumineux et non pas aux nombres de météores distincts (question que nous traiterons au n° 97) et qu'elle suppose rectilignes et parallèles des trajectoires qui, en réalité, sont plus ou moins infléchies (Fig. 26). Ayons égard à cette inflexion.

92. — Pour cela supposons, comme tout à l'heure, que les corpuscules soient régulièrement espacés sur un nombre limité de trajectoires équidistantes, et voyons d'abord comment la distance qui les sépare à l'origine se modifiera à mesure qu'ils approcheront de la Terre.

Soient C et C′ deux corpuscules placés sur l'une de ces trajectoires, en deux points voisins dont la distance est de, et pour lesquels les vitesses sont V et V′ ; et soit dt le temps nécessaire à C pour aller en C′. On aura $de = Vdt$. Or, pendant que le corpuscule C parcourra cette distance, le corpuscule C′ s'avancera de $de' = V'dt$, de sorte que quand C sera venu en C′ la distance des deux corpuscules sera de'. Mais de et de' sont proportionnels aux vitesses V et V′, donc, *à chaque instant, la distance des deux corpuscules sera proportionnelle à la vitesse dont ils sont animés au moment considéré.* Or nous avons vu (n° 17), que tous les corpuscules seront animés de la même vitesse en atteignant la sphère de rayon R. Donc *au moment de cette rencontre, l'écartement de deux corpuscules consécutifs, sera le même sur les diverses trajectoires.*

93. — Il résulte de là que, pour une même répartition des corpuscules dans l'essaim, le nombre de ceux que, pendant un temps donné, l'on verra briller sur la sphère

de rayon R sera, comme tout à l'heure, proportionnel au nombre des trajectoires qui rencontreront le cercle de visibilité ; cherchons ce dernier nombre. Pour cela, rappelons que ces trajectoires sont des hyperboles ayant pour foyer commun le centre F de la Terre (Fig. 27). et pour asymptotes des droites parallèles à OF, direction du mouvement initial. Pour exprimer qu'à l'origine du mouvement elles étaient régulièrement espacées, nous supposerons que ces asymptotes percent un plan perpendiculaire à leur direction commune aux sommets de petits carrés contigus ; soient alors A_1C_1, A_2C_2, A_3C_3, A_4 C_4 quatre de ces directions initiales formant un parallélipipède ayant pour section le carré dont nous venons de parler, et choisies de telle sorte que le plan de A_1C_1 et A_2C_2 passe par FO ; les trajectoires correspondantes seront situées dans le même plan et perceront la sphère de rayon R en a_1 et a_2, les deux autres la perceront en a_3 et a_4. Il en résulte que le carré primitif $A_1A_2A_4A_3$ sera transformé, sur la sphère, en un quadrilatère curviligne $a_1a_2a_4a_3$ que l'on pourra regarder comme un rectangle si l'on suppose que ces deux quadrilatères soient extrêmement petits.

De plus, dans les sections de l'essaim faites, tant par le plan perpendiculaire aux directions initiales que par la sphère de rayon R, on pourra admettre que chaque trajectoire perce ces sections au centre de l'un des quadrilatères que nous venons d'indiquer.

Soient donc S la surface du cercle de visibilité des corpuscules d'une certaine grandeur ; $n_{o'}$ le nombre des trajectoires de ceux-ci qui le rencontreraient si ces trajectoires restaient rectilignes et étaient d'ailleurs perpendiculaires au cercle, c'est-à-dire si la radiation était zénithale, on aura

$$n_{o'} = \frac{S}{A_1A_2 \times A_1A_3}.$$

Soit n' le nombre des trajectoires qui rencontrent réellement le même cercle placé dans la région occupée par le quadrilatère $a_1a_2a_4a_3$, on aura

$$n' = \frac{S}{a_1a_2 \times a_1a_3},$$

donc

$$\frac{n'}{n_0'} = \frac{A_1A_2 \times A_1A_3}{a_1a_2 \times a_1a_3}. \tag{141}$$

Soient maintenant a et b les axes de l'hyperbole $a_1'a_1$. On sait (n° 20) que a est constant et égal à FE, que $b = \mathrm{EC}_1$ et que l'équation de l'hyperbole est (formule 24)

$$\rho = \frac{\frac{b^2}{a}}{1 - \cos\omega + \frac{b}{a}\sin\omega}. \tag{142}$$

Si l'on y fait $\rho = \mathrm{R}$, on aura

$$\mathrm{R} = \frac{\frac{b^2}{a}}{1 - \cos\omega + \frac{b}{a}\sin\omega}, \tag{143}$$

équation qui se rapporte au point a_1 et dans laquelle, par conséquent, $\omega = a_1\mathrm{FO}$.

Posons $\mathrm{C}_1\mathrm{C}_2 = db$. Dans l'hyperbole $a_2'a_2$ on aura, pour second axe, $\mathrm{EC}_2 = b + db$, et l'angle $a_2\mathrm{FO}$ sera alors $\omega + d\omega$; db et $d\omega$ étant liés par la relation

$$+ \mathrm{R}\sin\omega d\omega + \frac{\mathrm{R}b}{a}\cos\omega d\omega + \frac{\mathrm{R}\sin\omega db}{a} = \frac{2bdb}{a}, \tag{144}$$

déduite, par différentiation, de l'équation (143) dans laquelle R et a sont constants. De plus la figure montre que l'on a

$$a_1a_2 = \mathrm{R}d\omega. \tag{145}$$

Remarquons maintenant que les deux hyperboles a_1

et a_3 sont identiques, mais placées dans deux plans distincts qui se coupent suivant FO ; par suite, on aura

$$a_1a_3 : A_1A_3 :: a_1o : A_1O :: R\sin\omega : b,$$

d'où, en se rappelant que $A_1A_3 = db$,

$$(146) \qquad a_1a_3 = \frac{R\sin\omega db}{b}.$$

Or, à cause de la petitesse de ses côtés, le quadrilatère $a_1a_2a_4a_3$ étant considéré comme un rectangle, sa surface sera

$$(147) \qquad a_1a_2 \times a_1a_3 = \frac{R^2}{b}\sin\omega d\omega db.$$

Mais, d'autre part, parce que la figure initiale est un carré, on a

$$(148) \qquad A_1A_2 \times A_1A_3 = \overline{db}^2.$$

Mettons les valeurs précédentes dans (141), il viendra

$$(149) \qquad \frac{n'}{n_o'} = \frac{b}{R\sin\omega} \times \frac{db}{Rd\omega}.$$

Et si l'on élimine b et $\frac{d\omega}{db}$ entre les équations (143), (144) et (149) et si, en même temps, on remplace $\frac{a}{R}$ par sa valeur $\frac{v^2}{2\varphi^2}$ déduite de l'équation (18), on aura (*)

(*) L'équation (143) donne

$$\frac{b}{R\sin\omega} = \frac{1}{2} + \sqrt{\frac{1}{4} + \frac{a(1-\cos\omega)}{R\sin^2\omega}},$$

qui, en faisant $\frac{a}{R} = \frac{v^2}{2\varphi^2}$ et $\sin^2\omega = 1 - \cos^2\omega$, devient

$$\frac{b}{R\sin\omega} = \frac{1}{2}\left\{1 + \sqrt{\frac{1 + \cos\omega + \frac{2v^2}{\varphi^2}}{1 + \cos\omega}}\right\}.$$

De l'équation

$$(150)\quad \frac{n'}{n_{o}'} = \frac{v^2}{4\varphi^2}\left\{1 + \sqrt{\frac{1+\cos\omega}{1+\cos\omega+\frac{2v^2}{\varphi^2}}}\right\} +$$

$$+\frac{\cos\omega}{4}\left\{\sqrt{\frac{1+\cos\omega}{1+\cos\omega+\frac{2v^2}{\varphi^2}}}+2+\sqrt{\frac{1+\cos\omega+\frac{2v^2}{\varphi^2}}{1+\cos\omega}}\right\}.$$

De l'équation (144) on tire

$$\frac{db}{\mathrm{R}d\omega} = \frac{\frac{a}{\mathrm{R}} + \frac{b}{\mathrm{R}\sin\omega}\cos\omega}{2\frac{b}{\mathrm{R}\sin\omega} - 1},$$

qui, par la substitution des valeurs précédentes, de $\frac{b}{\mathrm{R}\sin\omega}$ et de $\frac{a}{\mathrm{R}}$, devient

$$\frac{db}{\mathrm{R}d\omega} = \frac{\frac{v^2}{2\varphi^2} + \frac{1}{2}\cos\omega}{\sqrt{\frac{1+\cos\omega+\frac{2v^2}{\varphi^2}}{1+\cos\omega}}} + \frac{1}{2}\cos\omega.$$

Mettons dans (149) ces valeurs de ses deux facteurs, nous aurons

$$\frac{n'}{n_{o}'} = \frac{\frac{v^2}{4\varphi^2} + \frac{1}{4}\cos\omega}{\sqrt{\frac{1+\cos\omega+\frac{2v^2}{\varphi^2}}{1+\cos\omega}}} + \frac{1}{4}\cos\omega + \frac{v^2}{4\varphi^2} + \frac{1}{4}\cos\omega +$$

$$+\frac{1}{4}\cos\omega\sqrt{\frac{1+\cos\omega+\frac{2v^2}{\varphi^2}}{1+\cos\omega}}.$$

D'où, en ordonnant les termes, on déduit la formule (150).

94. — Pour $\varphi =$ zéro et quelle que soit la valeur de ω, l'expression (150) donne $\frac{n'}{n_{0}'} = \infty$. Cela devait être, car dans ce cas, les courbes décrites par les corpuscules sont des paraboles ; et comme pour celles-ci $b = \infty$, nous avons implicitement supposé qu'un nombre infini de corpuscules étaient accumulés sur chaque point de la sphère R.

Pour faire disparaître cette sorte d'indétermination, supposons que des corpuscules décrivant des paraboles soient uniformément répartis sur une calotte sphérique, de rayon R'. Quatre d'entr'eux partent des sommets d'un carré $a_1'a_2'a_4'a_3'$ (Fig. 27) tracé sur cette sphère, l'un des côtés $a_1'a_2'$ passant par FO, axe commun des paraboles. Ces corpuscules rencontreront la sphère de rayon R aux points a_1, a_2, a_4, a_3, sommets d'un rectangle élémentaire ; et si s' et s sont respectivement les surfaces de ce carré, et de ce rectangle dont chacun correspond à un météore, on aura

$$(151) \qquad \frac{s}{s'} = \frac{a_1a_2 \times a_1a_3}{a_1'a_2' \times a_1'a_3'}.$$

Or, l'équation générale des paraboles étant

$$(152) \qquad \rho = \frac{p}{1 - \cos\omega},$$

si on la différentie en considérant ρ comme constant, on aura la relation

$$(153) \qquad \rho \sin\omega d\omega = dp,$$

qui lie la variation dp éprouvée par le paramètre, quand on passe d'une parabole a_1a_1' à la parabole infiniment voisine a_2a_2', avec l'angle $d\omega$, formé par les rayons vecteurs aboutissant aux points de rencontre de ces paraboles avec la sphère de rayon ρ.

De sorte que, en faisant $Fa_1 = R$, $a_1FO = \omega$, $a_2Fa_1 = d\omega$, puis $Fa_1' = R'$, $a_1FO = \omega'$, $a_2'Fa_1' = d\omega'$, on aura respectivement

(154) $$R\sin\omega d\omega = dp \quad \text{et} \quad R'\sin\omega' d\omega' = dp.$$

De plus, on voit sur la figure que l'on a

(155) $$a_1a_2 = Rd\omega, \qquad a_1'a_2' = R'd\omega'.$$

Ensuite les plans des paraboles a_1a_1', a_3a_3' se coupant suivant FO, et les éléments a_1a_3, $a_1'a_3'$ étant parallèles entr'eux, on a

(156) $$a_1a_3 : a_1'a_3' :: a_1o : a_1'o' :: R\sin\omega : R'\sin\omega'.$$

Des équations (151), (155) et (156), on conclut

$$\frac{s}{s'} = \frac{Rd\omega R\sin\omega}{R'd\omega' R'\sin\omega'},$$

relation qui, à cause des équations (154) se réduit à

(157) $$\frac{s}{s'} = \frac{R}{R'}.$$

Cette relation étant indépendante de ω, on en conclut les conséquences curieuses que voici :

Si la vitesse, par rapport à la Terre, des corpuscules d'un essaim était primitivement nulle, par exemple s'ils parcouraient, autour du Soleil et dans le sens direct, une orbite identique à l'orbite terrestre, l'attraction de notre globe les rapprocherait de telle sorte que, ceux qui étaient régulièrement espacés sur une calotte sphérique de rayon R' *seraient toujours régulièrement espacés sur des calottes sphériques appartenant aux diverses sphères de rayon* R *qu'ils traverseraient. De plus, les surfaces de ces calottes sphériques seraient proportionnelles aux rayons des sphères dont elles font partie.*

Puis si l'on remarque que des surfaces de calottes sphériques sont proportionnelles au produit de leur hauteur H et H', par les rayons des sphères, R et R', on aura : $\frac{s}{s'} = \frac{RH}{R'H'}$. En rapprochant cette relation de (157), on conclura que, *quels que soient les rayons des sphères auxquels appartiendront les calottes sphériques traversées, toutes ces calottes auront la même hauteur.*

95. — Revenons à l'équation (150). Elle exprime les nombres de rencontres avec la sphère de rayon R, non pas en fonction de ζ, distance zénithale du point de radiation, mais bien en fonction de ω. Or, sur la figure 7, on voit que l'on a

$$\omega = \zeta + i, \tag{158}$$

i ayant la valeur donnée par l'équation (30), en fonction de ζ. On pourrait chercher à éliminer ω et i entre les équations (30), (150) et (158) ; mais nous nous contenterons d'emprunter au tableau du n° 27 les valeurs de $\zeta + i = \omega$ qui, substituées dans la formule (150) nous permettront de calculer le tableau suivant :

Vitesses initiales relatives des corpuscules.		$\frac{n'}{n_0'}$ = nombres proportionnels aux rencontres, en un temps donné, des trajectoires des corpuscules et du cercle de visibilité, la distance zénithale du point de radiation étant ζ =				
Rapports avec celle de la Terre.	Valeurs en kilomètres. φ =	0°	25°	50°	75°	90°
0,0	0km	∞	∞	∞	∞	∞
1/6	5km	2,94	2,71	2,06	0,99	0,00
1/2	15km	1,26	1,14	0,83	0,33	0,00
1	30km	1,07	0,97	0,69	0,28	0,00
2,4	72km	1,01	0,92	0,65	0,26	0,00

Si l'on compare les chiffres correspondant aux vitesses 0 kilomètre et 5 kilomètres, à ceux qui se rapportent aux grandes vitesses, on voit que, *pour les corpuscules dont les vitesses relatives par rapport à la Terre sont primitivement faibles, l'attraction de notre globe augmente considérablement la densité transversale de l'essaim qu'elle traverse, c'est-à-dire, produit un rapprochement très-notable dans les trajectoires des corpuscules qui le composent* (*).

96. — Pour mettre en évidence, abstraction faite de cette concentration transversale, la variation qu'éprouvent les nombres des rencontres, par rapport à la distance

(*) Si l'on se reporte au tableau du n° 15, qui montre que les faibles vitesses sont augmentées, beaucoup plus que les grandes, par l'attraction de la Terre, et si l'on se rappelle (n° 92) que les écartements des corpuscules sur les trajectoires croissent proportionnellement à ces vitesses, on arrivera à cette conclution que, *l'attraction de la Terre allonge l'essaim dans le sens du mouvement et cela d'autant plus que sa vitesse, relativement à la Terre, était primitivement plus faible.*

Enfin Φ et φ étant, comme au numéro 15, les vitesses à la distance R du centre de la Terre et à l'origine, et les sections qui correspondent à chaque trajectoire étant respectivement $\frac{1}{n'}$ et $\frac{1}{no'}$, les volumes qui comprennent un même nombre de corpuscules seront, dans les mêmes circonstances, $\frac{\Phi}{n'}$ et $\frac{\varphi}{no'}$. Le rapport des densités moyennes de l'essaim sera inverse de celui de ces volumes; il sera donc $\frac{\varphi}{\Phi} \cdot \frac{n'}{no'}$.

Passant aux nombres on trouverait, pour $\zeta = 0$ et pour les

vitesses relatives $\varphi =$	5km	15km	30km	72km
les rapports des densités de l'essaim, à la distance R du centre et à l'origine	1,20	1,01	1,00	1,00

Si l'on multipliait, par ces coefficients, les nombres de chacune des

zénithale du point de radiation, diminuons proportionnellement tous les nombres de chaque ligne horizontale du tableau précédent, de telle sorte que le chiffre correspondant à $\zeta = 0°$ devienne l'unité, et ayons égard, pour la vitesse zéro, à la conséquence de la formule (157), nous formerons le tableau suivant :

Les vitesses relatives initiales des corpuscules étant		Le nombre de points lumineux visibles, en un temps donné et sur la sphère R, étant 1 pour $\zeta = 0$, il aura les valeurs suivantes pour $\zeta =$				
en fonction de celle de la Terre.	en kilomètres.	0°	25°	50°	75°	90°
0	0	1,00	1,00	1,00	1,00	1,00
1/6	5km	1,00	0,92	0,70	0,54	0,00
1/2	15km	1,00	0,91	0,66	0,26	0,00
1	30km	1,00	0,91	0,64	0,26	0,00
2,4	72km	1,00	0,91	0,64	0,26	0,00
Valeurs de cos ζ...		1,00	0,91	0,64	0,26	0,00

De la comparaison des divers nombres de ce tableau, avec ceux de sa dernière ligne horizontale, on peut tirer la conclusion suivante :

***Dès** que la vitesse relative initiale, de corpuscules régulièrement répartis dans un essaim, dépasse 5 kilomètres, on*

lignes horizontales du tableau du numéro 96, on obtiendrait un nouveau tableau donnant, pour une densité initiale de l'essaim égale à l'unité, la densité moyenne acquise par cet essaim à la distance R du centre de la Terre ; et l'on en conclurait que, *pour les vitesses initiales égales ou supérieures à 15km la densité primitive est à peine modifiée, mais qu'elle est accrue pour les faibles vitesses initiales, et d'autant plus que ces vitesses sont plus faibles.*

peut admettre, sans erreur notable, pourvu que la transparence de l'atmosphère soit la même, que, pour les corpuscules d'une même grosseur, le nombre de ceux qui, dans un temps donné, traversent une calotte sphérique limitée par le cercle de visibilité, sont, comme dans le cas des trajectoires rectilignes et parallèles (n° 91), *proportionnels aux cosinus des distances zénithales du point de radiation.*

De l'examen des chiffres de la première et de la seconde ligne horizontale du tableau précédent, on conclurait encore :

Que, pour les vitesses relatives initiales moindres que 5 kilomètres, et à mesure que celles-ci tendent vers zéro, les nombres de rencontres avec la sphère de rayon R, *que peut voir un observateur, tendent vers l'uniformité, quelle que soit la distance zénithale du point de radiation.*

Toutefois, comme nous avons vu précédemment (n° 21) que l'existence permanente de ces essaims à faible vitesse est peu probable, et que d'ailleurs (n° 27) à cause du déplacement du point de radiation dans le ciel on n'a pas dû reconnaître leur existence, nous en ferons abstraction dans ce qui suivra.

§ II. — Loi de la fréquence des trajectoires lumineuses visibles.

97. — La loi du cosinus que nous venons de trouver ne serait applicable à la fréquence des trajectoires lumineuses, que si celles-ci étaient assez courtes pour qu'on pût les considérer comme des points. Voyons comment elle se modifie quand on a égard à la longueur de ces trajectoires.

On a conclu de mesures diverses, qui se rapportent en général, il est vrai, à des météores de première grandeur, que la hauteur est, en moyenne, de 120 kilomètres pour le point d'inflammation et de 80 kilomètres pour le point d'extinction. Supposons que, effectivement, les trajectoires lumineuses de tous les météores de première grandeur soient comprises entre deux surfaces de niveau ayant ces altitudes, 80 et 120 kilomètres, et pour simplifier nos déductions remplaçons, dans l'étendue des cercles de visibilité, ces surfaces de niveau par leurs plans tangents.

Soient (Fig. 28) O l'observateur, OZ la verticale du lieu, *ab* et AB les surfaces de niveau considérées, O*a* et OA les distances limites de visibilité des météores lors de leur passage par les plans *ab* et AB. Même en supposant que l'éclat intrinsèque des météores soit le même tout le long de leurs trajectoires, OA devra être plus grand que O*a*; car, à cause de leur plus grande élévation au-dessus de l'horizon, l'intensité des rayons lumineux qui partent de A est moins diminuée par l'absorption atmosphérique, que celle des rayons partant de *a*. Et selon les valeurs des distances zénithales *a*OZ, AOZ et l'état de l'atmosphère, le point A pourra être à droite ou à gauche de la verticale de *a*. Pour simplifier nous supposerons que cette verticale contienne non-seulement ce point A mais encore les extrémités *a'* des rayons de visibilité tels que O*a'* correspondant aux surfaces de niveau comprises entre *ab* et AB.

Il résultera de là que l'observateur O verra, entièrement ou partiellement, tous les météores filants qui brilleront dans l'intérieur du cylindre AB*ba*, dont la base est le cercle de visibilité *ab*. (Nous indiquons par de gros traits rectilignes (*) les parties de trajectoires de ces météores qui sont visibles). Leur nombre est proportionnel à la section droite, *bd*, du cylindre dont les géné-

(*) Nous avons vu (nº 74), que la courbure de la trajectoire lumineuse est généralement insensible.

ratrices sont parallèles à Ad, direction des trajectoires, et qui enveloppe d'ailleurs le premier cylindre ABba.

Soient ξ cette section droite, et Ξ la section oblique bc déterminée, dans le même cylindre, par le plan ab, section oblique représentée en projection au-dessous de la figure 28. On voit que cette section oblique se compose de deux demi-cercles, ayant des diamètres égaux à ab et séparés par un rectangle dont les côtés horizontaux sont égaux à ez.

Posons $ab = l$, Aa = Zz = e, et eZ$z = \zeta$. On aura

$$\xi = \Xi \cos\zeta,$$

$$\Xi = \frac{\pi l^2}{4} + el \operatorname{Tg}\zeta,$$

d'où

$$\xi = \frac{\pi l^2}{4} \cos\zeta + el \sin\zeta.$$

Cette équation se rapporte à une seule grandeur de corpuscules. Si l'on somme les équations analogues qui se rapportent à toutes les grandeurs visibles, on aura

$$\Sigma\xi = \frac{\pi \cos\zeta}{4} \Sigma l^2 + \sin\zeta \Sigma el. \tag{159}$$

Faisons, pour $\zeta = 0$, c'est-à-dire dans le cas de la radiation zénithale, $\xi = \xi_o$, nous aurons

$$\Sigma\xi_o = \frac{\pi}{4} \Sigma l^2.$$

Et comme $\Sigma\xi$ et $\Sigma\xi_o$ sont respectivement proportionnels aux nombres n et N des météores que comptent, dans le même temps, les observateurs qui voient le point de radiation à des distances ζ et zéro de leur zénith, on aura

$$\frac{n}{\mathrm{N}} = \frac{\Sigma\xi}{\Sigma\xi_o} = \cos\zeta + \sin\zeta \times \frac{4\Sigma el}{\pi \Sigma l^2}. \tag{160}$$

En général $\frac{\Sigma el}{\Sigma l^2}$ sera très-petit ; faisons donc

(161) $$\frac{4\Sigma el}{\pi \Sigma l^2} = \sin \eta \qquad \text{et} \qquad \cos \eta = 1,$$

la formule (160) deviendra

$$\frac{n}{N} = \cos \zeta \cos \eta + \sin \zeta \sin \eta,$$

ou bien

(162) $$\frac{n}{N} = \cos(\zeta - \eta).$$

98. — Les hypothèses que l'on a faites pour obtenir cette formule diffèrent certainement de la vérité, mais pas assez, cependant, pour que la loi de fréquence des météores puisse différer notablement de l'expression à laquelle nous venons d'arriver. Et comme η sera toujours un petit angle (*), nous pouvons admettre que, *quand le point de radiation ne sera pas trop voisin de l'horizon, les fréquences seront simplement proportionnelles aux cosinus des distances zénithales.*

99. — Il resterait à déterminer η, dont la valeur diminuera avec celle de $\frac{e}{l}$. Mais nous ne pouvons pas pousser jusqu'aux chiffres la discussion de cette question, parce que l varie, suivant des lois inconnues, avec l'ordre de grandeur des météores et la sérénité du ciel, et nous ignorons aussi quelles lois peut suivre la valeur de e. En effet, nous savons seulement que *les météores s'en-*

(*) Si l'on n'avait à considérer que les météores de première grandeur, pour lesquels nous adoptions tout à l'heure $e = 40^{\text{km}}$ et pour lesquels nous avons trouvé (n° 1) $l = 1000^{\text{km}}$, on aurait

$$\frac{n}{N} = \cos \zeta + 0{,}05 \sin \zeta = \cos(\zeta - 3^\circ).$$

flamment et s'éteignent presque subitement; mais nous ignorons si la combustion a lieu dans l'air atmosphérique ou dans une atmosphère d'une nature différente, et si l'extinction a lieu par suite de l'entrée du corpuscule enflammé dans des couches atmosphériques peu propres à entretenir sa combustion (*), ou bien si elle résulte de ce que la matière entière, ou seulement la matière la plus combustible du météore serait entièrement volatisée ou disséminée après un certain parcours dans l'atmosphère. Il est bon de faire observer, d'ailleurs, que ces deux modes d'extinction pourraient se produire simultanément; le premier pour les gros corpuscules, et le second pour les petits; et alors, tandis que *e* pourrait être constant pour ceux-là, il serait nécessairement variable pour les autres.

Remarquons, à ce sujet, que si les hauteurs d'inflammation et d'extinction étaient constantes (**) pour les gros météores, les longueurs de leurs trajectoires varieraient en raison inverse du cosinus de la distance zénithale du point de radiation; et les durées de leurs trajets suivraient la même loi. *Cette remarque permettra de vérifier l'hypothèse par de simples mesures chronométriques.*

(*) Cette hypothèse nous paraît peu probable. Pourtant elle nous est suggérée par une circonstance que nous ont présentée, le 14 novembre 1866, les météores de première grandeur : Ceux-ci cessaient brusquement, *avant d'avoir achevé leurs courses apparentes,* d'émettre la substance qui formait, après leur passage, une traînée phosphorescente persistant pendant quelque temps. Nous avons regretté depuis de n'avoir pas prêté à ce détail du phénomène toute l'attention qu'il mérite peut-être.

(**) C'est un lapsus calami qui nous a fait écrire, à l'*Académie* des sciences (*Comptes rendus* du 19 novembre 1866) que *tous* les météores observés avaient présenté cette particularité. Dans notre pensée, ce mot tous s'appliquait aux météores de première grandeur.

Quoi qu'il en soit, sans faire des hypothèses toutes gratuites sur les valeurs de $\frac{e}{l}$ nous pouvons tirer quelques conclusions des formules (160) et (162).

Nous ferons remarquer que, toutes choses égales d'ailleurs, l variera dans le même sens que la transparence de l'atmosphère ; et que, par suite, le facteur de $\sin\zeta$ augmentera à mesure que cette transparence diminuera. Par conséquent *la loi de variation de la fréquence des météores, en fonction de la distance zénithale du point de radiation, différera d'autant plus de celle du cosinus de cet angle, surtout pour les grandes valeurs de celui-ci, que l'atmosphère sera moins pure.*

100. — De la formule (162) on pourrait encore être tenté de conclure, que *la fréquence relative des météores atteindrait une valeur zéro, c'est-à-dire qu'un observateur ne verrait aucun des météores d'un essaim, quand le point de radiation serait abaissé d'un angle » au-dessous de l'horizon.* Mais cette conclusion serait hasardée; car pour nous rendre un compte exact de ce qui se passe vers cette limite, il nous faut tenir compte, ce que nous n'avons pas fait tout à l'heure, de la courbure des surfaces de niveau entre lesquelles brillent les trajectoires météoriques.

Pour traiter cette question, supposons que les météores ne puissent briller qu'entre les deux surfaces de niveau AZB et *azb* (Fig. 29), distantes de la surface de la Terre de H et h. Dans ces conditions, si nous négligeons la courbure de sa trajectoire, *le météore qui fournira la plus longue course* parcourra la corde AB tangente en z à la surface de niveau inférieure. Soit ZCA $= \gamma$; on aura

$$Zz = H - h = (r + H)(1 - \cos\gamma) = (r + H)2\sin^2\tfrac{1}{2}\gamma,$$

ou, à cause de la petitesse de γ

$$H - h = \frac{r + H}{2} \sin^2\gamma,$$

d'où

(163) $$\operatorname{Sin}\gamma = \sqrt{\frac{2(H - h)}{r + H}}.$$

Puis en désignant par ω l'angle AOZ, moitié de l'angle sous lequel l'observateur O voit la trajectoire,

$$Az = (r + H)\sin\gamma = \sqrt{2(H - h)(r + H)},$$

(164) $$Tg\,\omega = \frac{Az}{Oz} = \frac{\sqrt{2(H - h)(r + H)}}{h}.$$

Si, dans ces formules, on fait $H = 120$ kilomètres et $h = 80$ kilomètres, on trouve

$$\gamma = 6^\circ 23', \qquad Az = 720^{km}, \qquad \omega = 83^\circ 56'.$$

Comme nous avons employé les valeurs moyennes de H et h et non les valeurs extrêmes, et comme nous avons négligé la courbure de la trajectoire, nous pouvons conclure de là que, *dans l'hypothèse que nous avons admise, lorsque le point de radiation est dans l'horizon d'un observateur O, celui-ci peut voir décrire à une étoile filante une trajectoire embrassant dans le ciel un angle* AOB *d'environ 170° et correspondant à une course réelle d'environ 1500 kilomètres.*

101. — Supposons maintenant que l'observateur soit en O', dans la verticale du point d'extinction A, et soit O'H l'horizontale de la station. La direction AB des corpuscules fera un angle γ avec l'horizon, et, par suite, le point de radiation sera abaissé de γ au-dessous de l'horizon de O'. On aura alors

$$\operatorname{Cos} O'CH = \frac{r}{r + H},$$

d'où, en mettant pour r et H leurs valeurs,

$$O'CH = 11^{\circ}02'.$$

Mais nous avons trouvé $\gamma = 6^{\circ}23'$, d'où $ACB = 12^{\circ}46'$; donc le point B sera au-dessous de l'horizon de l'observateur O'. De là nous conclurons :

Qu'un observateur pourra voir une étoile filante AB, *s'élever de l'horizon et s'éteindre à son zénith, quoique le point de radiation soit actuellement au-dessous de l'horizon de 6° 23', angle qui pourrait être plus grand encore, si l'on avait employé, pour* H *et* h, *des valeurs extrêmes, et si l'on avait eu égard à la courbure de la trajectoire* (*).

Cela ne se rapporte *qu'aux corpuscules rasants, qui auront plongé le plus profondément dans l'atmosphère et qui ne se seront pas éteints avant d'en sortir*, et quoique ces cas doivent être rares, il n'en est pas moins vrai que, dans les stations qui s'écarteront au plus de six à sept degrés du cercle de la Terre pour lequel le point de radiation est à l'horizon, les observateurs pourront voir, à leur zénith, les extrémités de quelques météores rasants.

102. — L'on voit sur les figures 25 et 26, et en ayant égard à la loi de fréquence en fonction de ζ, que le nombre des étoiles *rasantes* que pourront voir ces observateurs, dans leur cercle de visibilité, sera très-faible en comparaison de celui des étoiles *fichantes*, que verront les autres observateurs répartis sur l'hémisphère vers lequel

(*) Le cas que nous venons de considérer semble être celui de l'étoile filante que le docteur Phipson a vue à Londres, le 13 novembre 1866, à 9h 20m du soir, s'élever du point de l'horizon au-dessous duquel était placé le point de radiation et dépasser son zénith. Car, d'après les coordonnées astronomiques du point de radiation, on trouve que, à 9h 20m, ce point devait être abaissé de 6° 40' au-dessous de l'horizon.

l'essaim se dirige. Et *cette remarque, qui peut s'appliquer aussi bien aux météores sporadiques qu'aux météores périodiques, démontre la fausseté de l'opinion de plusieurs auteurs, qui pensent que la plupart des étoiles filantes ne font que raser l'atmosphère.*

103. — Ce qui précède se rapporte uniquement à la fréquence moyenne des étoiles filantes comprises dans la partie du ciel qui correspond au cercle de visibilité. Mais on peut se demander encore quelles seront, pour un essaim de densité régulière et pour une distance zénithale donnée du point de radiation, les régions du ciel dans lesquelles les étoiles auront la plus grande et la plus petite fréquence. Or on voit (Fig. 28), que de tous les rayons visuels partis de la station O, OA est celui qui rencontre le plus grand nombre de trajectoires lumineuses, tandis que OR, parallèle à la direction de ces trajectoires, n'en rencontre aucune. Nous concluons de là que *la région du ciel qui contient le point de radiation sera la plus pauvre en étoiles filantes, et que, au contraire, la région située à l'opposé de ce point, par rapport au zénith, présentera la fréquence apparente la plus grande.*

§ III. — Règles pour la discussion des fréquences relatives.

104. — En attendant des mesures précises, dont la discussion conduirait probablement à des conclusions importantes, et permettrait au moins de compléter les formules que nous venons d'étudier, nous ne pouvons guère tirer, de ce chapitre, que les règles pratiques que voici :

Les météores d'un essaim seront bien peu fréquents quand le point de radiation sera au-dessous de l'horizon de l'ob-

servateur; et rarement on en verra quand l'abaissement de ce point excédera six à sept degrés (nos 100 et 102).

Puisque, pour une densité égale d'un essaim et quand le point de radiation est assez distant de l'horizon, la fréquence apparente des météores est sensiblement proportionnelle au cosinus de la distance zénithale du point de radiation (no 98), *quand, dans un lieu donné et pour un essaim périodique, on aura compté les nombres* n *des météores visibles pendant des temps égaux* (de cinq minutes par exemple), *qui se succèdent dans une même nuit, on divisera ces nombres par le cosinus de* ζ, *distance zénithale correspondante du point de radiation. Les quotients* $\frac{n}{\cos\zeta}$ *exprimeront alors, pourvu que* ζ *ne soit pas trop voisin de 90 degrés, les nombres que l'on eût observés si le point de radiation avait occupé le zénith de la station. Alors si la transparence de l'atmosphère est restée constante pendant la durée des observations, ces quotients* $\frac{n}{\cos\zeta}$ *seront proportionnels aux densités des parties de l'essaim que la Terre traversait aux mêmes instants* (no 97).

105. — Si l'on applique la même correction à des *observations contemporaines, faites en des stations assez peu distantes pour que l'on puisse y regarder les densités de l'essaim comme identiques*, les nombres à radiation zénithale que l'on obtiendra, donneront une sorte de *mesure des états de la sérénité du ciel dans ces diverses stations*. Si, en même temps, les observateurs de chacune d'elles ont noté les étoiles fixes de l'ordre le plus faible qu'ils distinguaient à l'œil nu, dans les diverses zones du ciel, la discussion de ces observations comparatives permettra d'obtenir, *en fonction de la visibilité des fixes, des coefficients par lesquels on devra multiplier les nombres*

horaires à radiation zénithale, pour les ramener au cas d'une sérénité parfaite. Et les nombres ainsi corrigés seront, non pas seulement, comme tout à l'heure, *des mesures relatives,* mais bien des sortes de *mesures absolues des densités de l'essaim.*

106. — Les règles précédentes ne sont pas applicables aux observations faites quand le point de radiation est peu distant de l'horizon. Pour celles-ci il faudrait diviser les nombres n observés par cos (ζ — $\varkappa$) (formule 163) $\varkappa$ étant un arc d'un petit nombre de degrés dont il reste à discuter les valeurs, qui varient (nous l'avons vu au nº 99) avec la nature des météores en même temps qu'avec la transparence de l'atmosphère.

107. — Quand les diverses circonstances qui influent sur la visibilité auront été analysées par la discussion d'observations convenables, et qu'on aura conclu de celle-ci les rayons de visibilité et les fréquences relatives des météores de divers ordres de grandeur, on pourra aborder les questions suivantes, qu'il serait prématuré de chercher à résoudre maintenant :

Conclure, des nombres de météores observés pendant un temps donné, le nombre des corpuscules susceptibles de donner des météores visibles qui se dirigent vers toute la Terre pendant ce même temps ;

Déduire de là l'écartement moyen de ces corpuscules, ou le volume moyen auquel chacun d'eux correspond.

CHAPITRE CINQUIÈME.

DIMENSIONS ET RETOURS PÉRIODIQUES DES ESSAIMS, ET LEUR VISIBILITÉ SUR LES DIVERS POINTS DE LA TERRE.

108. — Comme exemple du parti que l'on peut tirer des observations, nous allons discuter quelques-unes des circonstances des averses périodiques de novembre et d'août. Quelquefois les données que nous avons pu recueillir sur ces phénomènes seront trop incomplètes pour nous permettre d'arriver à des conclusions positives. Cependant nous n'avons pas cru devoir supprimer ces discussions; d'abord parce que des personnes mieux informées pourront, en les appliquant à des données plus complètes, arriver à des conséquences intéressantes; ensuite parce que ces discussions auront l'avantage de préciser certains points sur lesquels il importe d'appeler l'attention des observateurs.

§ I. — Dimensions de l'essaim de novembre.

109. — Le centre de la Terre parcourt la longueur d'un rayon terrestre en trois minutes deux tiers. Par suite, *lorsque une averse d'étoiles filantes dure plusieurs heures, comme celle de novembre 1866, la Terre doit se plonger entièrement dans l'essaim.* Alors les moments où les différents points de la surface du globe entrent dans cet essaim, sont assez voisins les uns des autres pour que, eu égard au peu de précision avec laquelle ils peuvent être constatés, on doive les considérer comme contemporains : il en est de même des instants de la sortie.

Si donc on transforme en heures d'un même lieu (de Paris par exemple) *les heures du commencement et de la fin des averses météoriques observées dans les diverses localités qui ont pu en être témoins, les heures extrêmes donneront les heures du commencement et de la fin du passage de la Terre, pourvu toutefois que, dans les localités où l'on a observé l'heure la plus hâtive, le point de radiation fût levé, et que là où l'on a observé l'heure la plus tardive le crépuscule matinal ne fût pas encore commencé.* Ces restrictions sont nécessaires ; car autrement le passage aurait pu commencer plus tôt, sans qu'on eût pu le constater, parce que le point de radiation étant alors au-dessous de l'horizon de l'observateur, la fréquence des météores eût été trop peu sensible, et il aurait pu finir plus tard, les météores cessant d'être aperçus à cause de la lumière crépusculaire.

En appliquant la règle précédente à celles des observations du 14 novembre 1866 que nous connaissons, nous trouvons que *le passage de la Terre, dans le corps de l'essaim, aurait duré environ huit heures ;* mais que c'est seulement pendant un quart d'heure à vingt minutes, autour de l'heure moyenne (une heure et un quart de Paris) que les étoiles ont présenté une fréquence extrêmement grande. *Pendant ces quinze à vingt minutes, la Terre traversait donc, dans le* COURANT *des corpuscules, un groupe, une sorte de* FILET FLUIDE *dans lequel ceux-ci présentaient une densité, ou mieux une concentration extraordinaire.*

110. — Or, en huit heures, le centre de la Terre parcourt, sur son orbite, un arc égal à 132 $\times$ R (R étant toujours le rayon terrestre augmenté de 100 kilomètres) ; en quinze à vingt minutes il parcourt 4,1 $\times$ R à 5,5 $\times$ R. De plus, nous savons (nº 47) que l'angle formé par la di-

rection réelle des corpuscules avec celle de la Terre est TR″ + R″C″ = 17°12′. Représentons avec ces données une coupe de l'essaim faite par un plan passant par les directions suivies par la Terre et les corpuscules, et nous aurons la figure 30, où les lignes pointillées représentent les trajectoires réelles des corpuscules et les petits points noirs représentent trois positions de la Terre : en E à l'entrée, en S à la sortie, et en M au milieu du passage. D'après les données précédentes, l'épaisseur SE′ de l'essaim est égale à SEsinE′ES = 132R × sin17°12′ = 39R.

Un calcul analogue donne, pour le filet central à grande concentration, une épaisseur égale à 1,2R à 1,6R.

111. — Comme ce phénomène d'une averse extrêmement abondante pendant un quart d'heure, avait déjà été constaté à Greenwich, le 13 novembre 1865, de cinq heures à cinq heures un quart du matin, on peut espérer qu'il se reproduira encore. Alors, vu la petitesse de l'épaisseur du filet traversé pendant ce temps, on peut se demander si le centre de la Terre a traversé l'axe du filet, ou bien, ce qui est plus probable, si notre globe n'a fait qu'écorcher un filet d'une plus grande épaisseur dont l'axe aurait été plus près ou plus loin du Soleil que le centre de la Terre (*). Or, il ne semblerait pas impossible de résoudre cette question, au moyen d'observations de fréquence faites, avec grand soin, dans des localités très-éloignées. En effet, si nous considérons la figure 31, qui représente le filet et la Terre à plus grande échelle que la figure 30, nous voyons que l'instant de la ren-

(*) Aux heures des maximum de fréquence, en 1866 et 1867, les deux rayons vecteurs de la Terre différaient d'une quantité qui correspond à $\frac{8}{10}$ de rayon terrestre. Pour les maximum de 1865 et 1866 la différence est de 3,2 R.

contre avec l'axe du filet (l'heure probable du maximum de fréquence) aura lieu, pour la station *a* quand le centre de la Terre sera en T_1, et pour l'observateur *b* quand le centre sera en T_2. Mais la figure montre que, pour passer d'une position à l'autre, la Terre a mis autant de temps que son centre pour traverser obliquement le filet, c'est-à-dire quinze à vingt minutes. On conclut de là *que l'observateur* b *noterait l'heure du maximum quinze à vingt minutes plus tard que l'observateur* a. *Cette durée dépasse assez les incertitudes d'observations bien conduites, pour que l'on puisse espérer de résoudre la question posée, par la discussion des heures auxquelles le maximum de fréquence aura été constaté dans des localités convenablement situées.* Mais nous devons nous contenter d'indiquer cette question, non toutefois sans faire remarquer que, pour la résoudre avec sécurité, il faudrait connaître non-seulement les nombres de météores observés de cinq en cinq minutes, mais encore les corrections nécessitées par la variation de la sérénité du ciel dans chaque station.

112. — Avant d'abandonner ce sujet, faisons une remarque intéressante. Nous avons vu que ES (Fig. 30) est une portion de son orbite que la Terre parcourt en huit heures. Dans une année, le chemin parcouru par la Terre est onze cents fois plus grand. Mais la vitesse absolue des corpuscules, au moment de l'averse de météores, est 1,37 celle de la Terre (n° 45). Donc, pendant l'année, si le courant de corpuscules conservait la même vitesse, il marcherait de onze cents fois ES. *Ce trajet, qui serait représenté à l'échelle du dessin par une longueur de 66 mètres, est la longueur qui séparerait, dans le courant de corpuscules dont une petite partie est représentée par la figure, deux passages consécutifs de la Terre exprimée par l'un des points noirs !*

On voit par là *combien doit être immense le nombre des corpuscules du courant, en comparaison de ceux qui sont, soit comburés dans notre atmosphère, soit même déviés de leur route par leur passage dans le voisinage de la Terre. Aussi ne doit-on pas craindre de voir, de sitôt, le phénomène épuisé par ces deux causes.*

§ II. — Des époques des rencontres successives de la Terre et de l'essaim de novembre.

113. — Étudions maintenant les époques des passages successifs de la Terre par la partie la plus dense de l'essaim. Sans les perturbations qui affectent l'orbite de la Terre et celle des corpuscules, la rencontre avec l'axe de l'essaim aurait lieu chaque année après une révolution complète de la Terre ; et comme l'année dure $365^j\,5^h\,49^m$, ce point serait atteint chaque année par la Terre, cinq heures quarante-neuf minutes plus tard que l'année précédente quand l'année commune, et dix-huit heures onze minutes plus tôt quand l'année est bissextile. Mais ces époques de rencontres successives sont modifiées par les perturbations. L'effet moyen de celles-ci a été déterminé par la comparaison des dates auxquelles on a constaté les grandes averses périodiques depuis l'an 902. Sir John Herschel (*) trouve que, à chaque révolution de trente-trois ans et un quart, la date du phénomène a retardé en moyenne de un jour.

114. — Une partie de ce retard doit être attribuée à la précession des équinoxes qui, en changeant l'origine de l'année sur l'orbite terrestre, cause un retard annuel d'environ vingt minutes trois dixièmes, ou $11^h\,15^m$ en

(*) *Outlines of astronomy*. Dernière édition.

trente-trois ans et un quart. Le reste du retard 12h 45m peut être attribué au mouvement produit, dans la ligne des nœuds de l'orbite des corpuscules, par les perturbations planétaires, principalement par l'action de la Terre et de la Lune (*). Mais l'effet de ces perturbations n'est pas continu ; *et pour les corpuscules que la Terre doit rencontrer, ces perturbations doivent se produire surtout aux approches de notre globe et pendant un très-petit nombre des années qui précèdent ou qui suivent ces rencontres. Elles peuvent alors causer un mouvement des nœuds assez rapide, pour que le retard qui y correspond soit de plusieurs heures, d'une année à l'autre.*

115. — Ainsi s'expliquerait probablement la différence de huit heures et demie, constatée entre les instants des maximum de 1866 et 1867 (**), au lieu de six heures neuf minutes que donneraient la durée de l'année combinée avec l'effet de la précession des équinoxes, c'est-à-dire la durée de l'année sidérale. Si le même intervalle séparait les maximum prochains, celui de 1868 (année bissextile) aurait lieu, en temps de Paris, le 13 novembre à 6h 1/4 du soir, et celui de 1869 le 14 novembre à 2h 3/4 du matin.

Mais il faudrait se garder de compter sur cette régularité du phénomène ; car entre les maximum constatés à Greenwich, en 1865 et 1866, il y a un retard de vingt heures (***) dont 13h 51m sont inexpliquées par la

(*) M. Newton trouve ce retard de vingt-quatre heures pour soixante-dix ans, ce qui ferait seulement 11h 24m en trente-trois ans et un quart. (*Bulletins* de l'Académie royale de Belgique de 1865.)

(**) Le maximum de l'averse du 14 novembre a été constaté, en 1866, en Europe, à 1h 14m du matin (temps de Paris), et en 1867, à Washington, à 4h 25m, temps local, ou 9h 45m, temps de Paris.

(***) La grande averse de 1865 a duré un quart d'heure, le 13 no-

durée de l'année sidérale. Et il semble résulter des documents anciens que déjà les averses de 1831 et 1832 ont présenté une irrégularité du même genre. Ces circonstances doivent engager à veiller dans la nuit du 13 au 14 novembre, en 1868 et 1869, alors même que, se basant sur un retard annuel de huit à neuf heures, les observateurs penseraient qu'ils dussent être privés de la vue des météores. Ils pourraient même essayer de continuer les observations de jour, en cherchant à surprendre, avec une lunette, le passage des corpuscules devant le Soleil. Quoique le succès d'observations de ce genre nous paraisse assez douteux, on peut les tenter; mais il ne faut pas oublier que leur réussite exigerait que la fréquence des météores fût grande, et, par conséquent, que la position du point de radiation ne fût pas trop voisine de l'horizon.

116.— Il semble difficile d'attribuer au mouvement de la ligne des nœuds, la différence $13^h\ 51^m$, que nous constations tout à l'heure, entre les passages de 1865 et 1866 et le retard provenant de la fraction de jour qui complète l'année sidérale; car cette différence excède le mouvement total des nœuds pendant la période de trente-trois ans et un quart. Il semble plus naturel de l'attribuer en partie à ce que, *en 1865 et 1866, la Terre aurait traversé, non pas un seul filet à grande condensation servant pour ainsi dire d'axe au courant, comme il semble que cela ait eu lieu en 1866, mais bien deux filets distincts occupant des positions différentes dans l'essaim*. On pourrait invoquer, à l'appui de cette nouvelle hypothèse, les irrégularités des limites extérieures du courant, irrégularités presque démontrées

vembre, de 5^h à $5^h\ 1/4$ du matin (temps de Greenwich). Celle de 1866 a duré à peu près le même temps; elle est arrivée le 14 novembre à $1^h\ 12^m$ du matin (temps de Greenwich).

par ce fait que, en 1865, le passage a duré plus de deux jours et demi ; puisque d'abondantes étoiles filantes dérivant de la tête du Lion ont été vues, à Newhaven, pendant trois nuits consécutives (*) tandis que, en 1866, le phénomène s'est montré en Europe dans la nuit du 13 au 14 seulement.

Pour faire acquérir à ces hypothèses quelque degré de certitude, il faudrait, pour des apparitions successives, comparer des orbites non troublées calculées d'après les résultats d'observations précises, ou mieux encore, comparer ces orbites avec les conséquences d'une théorie mécanique des perturbations appliquées aux courants qui nous occupent. Cette discussion montrerait sans doute comment se fait le mouvement de la ligne des nœuds, et même aussi *comment la ligne des apsides se déplace dans le plan de l'orbite. Et peut-être en conclurait-on les variations que ce dernier mouvement doit introduire dans la visibilité du phénomène.* Mais ce sont là des questions que nous devons abandonner aux astronomes de profession.

117. — Ce retard progressif du passage de la Terre, au milieu d'un essaim *qu'elle traverse en quelques heures* a peut-être une importance météorologique qu'il est bon de signaler. En effet *si, comme le pensent quelques savants, ces essaims peuvent faire fonction d'écrans qui, pendant le jour diminuent la chaleur due à l'insolation, et pendant la nuit empêchent le refroidissement dû au rayonnement nocturne, l'effet d'un passage peut être inverse pour deux pays distincts.* Exemple : en 1867, ce passage avait lieu pour les États-Unis pendant la nuit, et pour l'Europe pendant le jour. De plus, *pour une même localité,*

(*) Lettre de M. Newton à M. Quetelet dans les *Bulletins* de l'Académie royale de Belgique de 1866.

les effets peuvent être contraires lors des passages de deux années différentes. Exemple : pour l'Europe, le passage de 1866 a eu lieu pendant la nuit et celui de 1867 pendant le jour.

De même, *pour des essaims invisibles, mais non loin desquels la Terre passe, les effets ne seront appréciables que pour les localités qui seront tellement situées que, au moment de la conjonction ou de l'opposition l'essaim fasse écran, soit contre l'insolation, soit contre le rayonnement nocturne. De sorte que, pendant les années qui se succéderont, une même localité pourra éprouver cette influence ou en être privée.*

Nous nous permettrons de recommander les remarques précédentes aux météorologistes qui cherchent, en dehors de l'atmosphère, les causes de certains écarts de la température de l'air.

§. III. — Visibilité de l'averse de novembre dans les diverses régions de la Terre.

118. — Discutons maintenant l'averse de novembre au point de vue de sa visibilité dans les diverses régions de la Terre. Pour cela représentons, en projection orthogonale sur l'équateur terrestre (Fig. 32), quelques cercles de la sphère céleste et de la Terre, en prenant le même rayon pour les deux sphères. O est leur centre et la projection du pôle boréal ; ♈HCH'C' est l'équateur, ♈ le point vernal, O*s* le rayon vecteur du Soleil, qui rencontre la surface de la sphère en S, point construit au moyen de ses coordonnées pour le 14 novembre 1866 à $1^h 37',5$ du matin ($Æ = 229^o 03'$, $D = -18^o 09'$) ; O*t* est la direction que suit le centre de la Terre dans le sens de la flèche. Cette ligne perce la sphère au point T, point construit avec l'ascension droite et la déclinaison déduites

de la longitude, $L_t = 142°13'$, trouvée (n° 45) pour cette direction de la Terre; *Or* est la direction du mouvement relatif des corpuscules, mouvement ayant lieu dans le sens de la flèche. *Or* perce la sphère en R, qui est construit avec les coordonnées du point de radiation (n° 44), Æ = 149°30', D = + 23°00'; CMC'M' est un grand cercle perpendiculaire au rayon solaire OS. Ce cercle marque sur la Terre, abstraction faite de la réfraction, la ligne de séparation d'ombre et de lumière. Pour toutes les régions de la Terre qui sont situées à gauche de ce cercle le Soleil est couché ou n'est pas encore levé; $c_1 m_1 c_1' m'$ et $c_2 m_2 c_2' m_2'$ sont deux petits cercles, parallèles au précédent, et tracés à des distances de six degrés et de dix-huit degrés. Pour les habitants situés à gauche de ces petits cercles la nuit est close, ce que l'on a exprimé par une teinte grise; pour ceux qui sont à gauche du premier, le crépuscule civil est fini (*), et la lumière crépusculaire est assez faible pour qu'ils puissent voir les étoiles de première grandeur et les planètes; HNH'N' est un grand cercle perpendiculaire à PR, direction du mouvement relatif des corpuscules. Abstraction faite de la réfraction et de l'inflexion, tous les habitants situés sur ce cercle ont le point de radiation dans leur horizon. Ceux de l'hémisphère placé au-dessous de ce cercle peuvent être témoins du phénomène des étoiles filantes; *hnh'n'* est un petit cercle tracé, parallèlement au précédent, à sept degrés de distance; pour tous les habitants situés sur ce cercle le point de radiation sera abaissé de sept degrés

(*) Nous adoptons, comme Bravais, six degrés pour la dépression du Soleil qui correspond à la fin du crépuscule civil. Mais nous supposons, comme on le fait habituellement, que la fin du crépuscule astronomique correspond au moment où le Soleil est abaissé de dix-huit degrés au-dessous de l'horizon.

au-dessous de l'horizon. Les étoiles rasantes (nº 101) pourront être vues des stations qui seront situées, non-seulement entre ces deux cercles, mais encore au-dessous de HNH'N', et à moins de sept degrés de distance. Les habitants de la Terre placés au-dessus de *hnh'n'* auront le point de radiation abaissé de plus de sept degrés au-dessous de leur horizon et ne verront en général aucune des étoiles de l'essaim; tandis que celles-ci seront visibles pour les habitants situés au-dessous de ce cercle. Nous appellerons celui-ci *cercle de première visibilité.*

Parallèlement à ce cercle, entre R et lui, on a tracé, en lignes ponctuées fines, quatre autres petits cercles. Pour tous les observateurs situés sur chacun d'eux la distance zénithale du point de radiation est constante et, par suite, toutes choses égales d'ailleurs (nº 98), la fréquence des météores est la même. Cette fréquence étant représentée par 1 pour l'observateur placé en R, elle est 0,8, 0,6, 0,4, 0,2 pour ces différents cercles; elle est enfin zéro pour le cercle de première visibilité. On a rappelé ces circonstances à l'aide des lignes blanches, plus ou moins rapprochées et parallèles à OR, qui sont ménagées dans les diverses zones de la partie obscure du globe.

119. — Cette partie obscure, située à gauche du cercle $c_1m_1c_1'm_1'$ où règne, soit le crépuscule astronomique, soit la nuit, est en effet la seule qui puisse voir les météores. De sorte que, *les seules régions où l'on puisse être témoin de l'averse de novembre sont sur le fuseau compris entre les deux cercles* hmh'm' *et* $c_1m_1c_1'm_1'$. *Toutefois le phénomène ne sera bien visible que sur le fuseau compris entre les cercles* HMH'M' *et* $c_2m_2c_2'm_2'$, fuseau pour tous les points duquel le point de radiation est levé et la nuit est close.

Pour les stations situées à droite du cercle $c_1m_1c_1'm_1'$

règnent, soit le crépuscule civil, soit le jour; par suite on n'y pourra voir que quelques étoiles filantes d'un éclat exceptionnel. Mais, quoique invisibles, ces météores n'y existeront pas moins; et c'est ce que l'on a voulu indiquer par les lignes fines, parallèles à OR, et dont le rapprochement est en raison de la fréquence des corpuscules qui sillonnent le ciel de chaque station.

120. — En traçant les cercles de fréquence nous avons fait abstraction de la lumière de la Lune qui, pour toutes les stations où cet astre serait levé, diminuerait la fréquence en détruisant la visibilité des petites étoiles. Pour discuter, à ce point de vue, l'influence de notre satellite, il faudrait déterminer sa direction pour l'instant moyen des observations, tracer, perpendiculairement à cette direction, un grand cercle qui serait, comme dans le cas du Soleil, le cercle du lever ou du coucher de la Lune, enfin avoir égard à la clarté plus ou moins grande que celle-ci répand sur l'atmosphère, suivant sa phase et sa hauteur au-dessus de l'horizon. Pour simplifier, nous n'aurons pas égard à cette influence dans les discussions suivantes.

121. — Pour expliquer, au moyen de la figure 32, différentes circonstances des averses de novembre, nous considérerons comme fixes tous les éléments ci-dessus définis, ainsi que les plans horaires du temps moyen qui sont représentés par les rayons partant de O (le temps moyen à midi vrai était de $11^h44^m31^s$). Et, supposant que la Terre tourne autour de son axe projeté en O, nous étudierons successivement l'influence de la latitude et de la longitude des diverses stations sur la visibilité du phénomène. De peur de compliquer la figure nous n'y avons représenté que trois parallèles à l'équateur : en *abpc* celui de Paris; en *dd'e* celui de l'Islande (latitude

soixante-quatre degrés) ; en *fg* celui de Saint-Louis du Sénégal (latitude seize degrés N.).

122. — Nous voyons, sur la figure, que les observateurs situés sur le parallèle de Paris ne peuvent pas voir les météores, avant d'avoir atteint le point *a* situé sur le cercle de première apparition. Cela a lieu, quelle que soit leur longitude, à 9h 40m du soir, temps local. Arrivés en *b*, à 10h 30m du soir, ils ont encore le point de radiation dans leur horizon, et, par conséquent, l'averse doit être peu appréciable pour eux. Enfin arrivés en *c*, à 6h 40m du matin, temps local, la lumière crépusculaire est devenue assez forte pour les empêcher de voir le phénomène. Aussi celui-ci ne peut-il être observé par eux que pendant neuf heures, de 9h 40m du soir à 6h 40m du matin. Pour des latitudes boréales plus élevées, la durée de la visibilité du phénomène est plus grande. Ainsi les observateurs placés à la latitude de l'Islande peuvent le voir entre les deux positions extrêmes *d* et *e* de leur parallèle, de quatre heures du soir à sept heures et demie du matin, temps local. Par contre, la durée de la visibilité diminue à mesure que l'on s'éloigne du pôle boréal. Ainsi, pour les observateurs à la latitude de Saint-Louis, elle correspond à la partie *fg* du parallèle ; elle est donc comprise entre onze heures et demie du soir et cinq heures trois quarts du matin, temps local. Toutefois il est bon de remarquer que, pour la latitude de l'Islande, on aura, depuis quatre heures jusqu'à dix heures et demie du soir, une fréquence relative moindre que 0,2, ce qui diminuera beaucoup, au point de vue de l'importance du phénomène, l'avantage de la plus longue durée de visibilité qui résulte d'une haute latitude.

123. — Quoi qu'il en soit, la durée de la visibilité décroît à mesure que l'on s'éloigne du pôle boréal, et

cela tient ici à deux causes : 1° à ce que la nuit devient de plus en plus courte ; 2° à ce que, la déclinaison du point de radiation étant boréale, la plus grande partie de la surface de la Terre où les météores sont visibles est située au nord de l'équateur.

On conçoit que ces deux circonstances ont dû favoriser, pour les observateurs de l'Europe et des États-Unis, la découverte des essaims qui satisfont à ces deux conditions. Et *cette remarque explique pourquoi, pour les essaims déjà découverts, le plus grand nombre se voit entre l'équinoxe d'automne et l'équinoxe du printemps, et pourquoi les points de radiation de tous ces essaims ont presque uniquement des déclinaisons boréales* (*). Les résultats seraient probablement inverses si les recherches avaient été faites dans l'hémisphère austral.

124. — Étudions maintenant l'influence de la longitude sur la visibilité du phénomène. Pour cela nous allons considérer spécialement l'averse de météores de la matinée du 14 novembre 1866.

Les heures de la plus grande fréquence apparente, exprimées en temps de Paris, ont été constatées : à Londres et à Louvain à $1^h 21^m$; à Berlin, à $1^h 16^m$; à Bruxelles, à $1^h 07$; au cap de Bonne-Espérance, à $1^h 06^m$. Pour en conclure les heures du maximum de densité de l'essaim traversé il faudrait, pour chaque localité (n° 104), diviser les nombres observés, pendant chaque minute ou chaque

(*) L'influence de la déclinaison est encore mieux marquée sur la figure 53 qui se rapporte à la pluie de météores du 10 août. La déclinaison du point de radiation de cette pluie étant de $+ 56°$, le phénomène est visible pendant toute la nuit, pour des observateurs situés dans les latitudes moyennes boréales, et il ne peut être vu que d'une petite partie de l'hémisphère sud ; encore y est-il très-peu apparent.

durée de cinq minutes, par le cosinus de la distance zénithale correspondante du point de radiation, et chercher le maximum de ces divers quotients. Mais *l'accroissement de la fréquence apparente a été assez subit, et la durée de la plus grande fréquence a été assez courte pour que les heures des maximum diffèrent à peine des heures ci-dessus données pour la plus grande fréquence apparente* (*). Et comme la plus grande partie des différences de ces heures est explicable par l'incertitude du mode d'observation employé, nous prendrons leur moyenne, soit une heure et un quart, comme l'instant du maximum de densité de l'essaim traversé. Nous avons déjà vu d'ailleurs que les heures du commencement et de la fin du passage de la Terre dans l'essaim ont différé de quatre heures au moins de celle du maximum de densité ; ainsi le passage a probablement été compris entre le 13, $9^h 1/4$ du soir, et le 14, $5^h 1/4$ du matin (heures de Paris).

125. — Or nous avons vu tout à l'heure que, sur le parallèle de Paris, on n'a pas pu voir le phénomène avant le 13, $9^h 40^m$ du soir (temps local). Par conséquent les seuls observateurs de ce parallèle qui ont pu voir le commencement du phénomène devaient compter plus de $9^h 40^m$ quand il était neuf heures et un quart à Paris. Ils

(*) Il en eût été autrement si la fréquence avait augmenté très-lentement pendant longtemps. En effet, à Metz, de une heure à deux heures la hauteur du point de radiation a varié de 22° à 32° ; les cosinus de ces nombres sont entre eux comme deux est à trois. Si donc les nombres qui expriment la fréquence apparente avaient augmenté, pendant ce temps, dans un rapport moindre, les quotients de ces nombres, par les cosinus, eussent pu indiquer le maximum de densité pour une heure, quoique le maximum de fréquence fût à deux heures. C'est surtout quand le point de radiation est voisin de l'horizon qu'il importe d'avoir égard à la loi du cosinus.

devaient donc avoir une longitude orientale de vingt-cinq minutes, au moins.

D'autre part, la clarté du crépuscule matinal a empêché de voir les météores après $6^h 40^m$ du matin, temps local. Par conséquent les seuls observateurs qui ont pu voir la fin de l'averse sont ceux qui comptaient $6^h 40^m$ ou une heure moindre, quand il était cinq heures et un quart à Paris. Ces observateurs devaient donc avoir une longitude orientale de moins de $1^h 25^m$. Ainsi, *sur le parallèle de* ***Paris***, *les populations comprises entre les longitudes orientales* 25^m *et* $1^h 25^m$, *c'est-à-dire situées entre les frontières orientales de la* ***France*** *et de l'****Autriche***, *sont les seules qui aient pu être témoins de toute la durée du phénomène, en supposant toutefois que celle-ci n'ait pas excédé huit heures.*

Mais si l'on veut considérer l'éclat au lieu de la durée de l'averse, de tous les observateurs du parallèle de Paris qui avaient la nuit, ce sont *ceux qui, au moment du maximum, avaient le point de radiation le plus près de leur zénith qui constataient la fréquence apparente la plus grande.* Ces observateurs étaient alors placés en q ; ils avaient donc $5^h 18^m$ du matin quand il était une heure et un quart à Paris, et, par conséquent, leur longitude orientale était de $4^h 3^m$. Cela placerait ces observateurs chez les Kirghises, à peu de distance au NNE de la mer d'Aral.

126. — Voilà pour la visibilité ; examinons maintenant la non-visibilité. Les observateurs du parallèle de Paris qui arrivaient en a, sur le cercle de première visibilité, au moment de la fin de l'averse, n'ont pas dû la constater. Ils comptaient le 13, $9^h 40^m$ du soir, alors qu'à Paris on comptait le 14, 5^h 1/4 du matin ; par conséquent ils avaient une longitude occidentale de $7^h 35^m$. Les habi-

tants des montagnes Rocheuses sur la frontière nord des États-Unis satisfont à cette condition. Les habitants de l'Amérique du Nord, situés plus à l'est, n'ont pu constater que la fin du phénomène ; et alors le point de radiation était très-près de leur horizon. *Pour ces deux motifs la fréquence des météores a été très-faible chez eux (plus de cent fois moindre qu'au moment du maximum en **France**). Il en a été de même pour les observateurs de **Washington*** qui étaient en *w* au moment de la fin du phénomène.

127. — On pourrait discuter de même les conditions de visibilité sur chaque parallèle; mais cela nous semble superflu, et nous nous contenterons des remarques suivantes:

L'influence de la longitude se fait surtout sentir dans les régions les plus méridionales. Ainsi Saint-Louis, dont la longitude est seulement $1^h 15^m$ ouest, était en *t* au moment du maximum de fréquence; le point de radiation était alors assez voisin de l'horizon pour que les observateurs y aient difficilement soupçonné le magnifique spectacle dont l'Europe et l'Asie étaient témoins. Par contre, au même instant, les observateurs d'Ispahan, de Hérat et de Mascate étaient respectivement en *i*, en *h* et en *m*. Les premiers avaient encore la nuit, et pour Hérat et Mascate le crépuscule matinal commençait à peine. A Hérat surtout le point de radiation était aussi voisin du zénith que possible (21 degrés environ); tandis que, au même instant, Londres étant en *l*, la distance zénithale du même point y était de soixante-six degrés. Le cosinus de ces deux angles sont entre eux comme 9 est à 4. Par suite, *pour les habitants de l'Arabie et de la Perse, au moment du maximum, la fréquence des météores a été au moins deux fois plus grande qu'à Londres.* Mais si l'on a égard aux degrés de la sérénité du ciel, qui est habituellement bien plus grande dans ces régions orientales que dans la capitale de l'Angleterre, on peut supposer que l'augmentation de la fréquence y a été beaucoup plus considérable encore.

128. — Ce sont probablement des conditions semblables, accompagnées d'un ciel très-pur, qui ont rendu si remarquables les averses de 1799 à Cumana, et de 1833 à Boston; le maximum avait lieu, pour la première, vers quatre heures du matin et pour la seconde vers cinq heures; et à ces instants-là ces deux villes occupaient respectivement les positions k et b_s, positions assez voisines de celle du point de radiation qui devait alors différer peu du point R. *Cela suffirait peut-être pour expliquer l'abondance des météores de ces anciennes averses, sans qu'il fût nécessaire de supposer, pour l'essaim, une condensation beaucoup plus grande que celle de 1866.*

§ IV. — Fréquence apparente des météores de l'essaim d'août.

129. — La figure 33 est construite pour la pluie de météores du 10 août, pluie pour laquelle on a, d'après M. Alex. Herschel, Æ $= 44^\circ$, D $= + 56^\circ$.

On a conservé, pour cette figure, les mêmes notations que pour la précédente. On y voit que le fuseau de visibilité appartient presque entièrement à l'hémisphère boréal. *On ne doit donc pas s'étonner de ce que les météores de cet essaim n'ont pas été observés dans l'hémisphère austral, et, en particulier, ni au Brésil, ni au cap de Bonne-Espérance.* On y voit encore que, pour les latitudes boréales moyennes, *le phénomène peut être observé pendant toute la nuit*. Et les cercles d'égale fréquence montrent que, pour une même densité de l'essaim traversé, c'est immédiatement avant le crépuscule du matin que l'on peut constater *le maximum diurne de fréquence*. Pour le parallèle de Paris, ce maximum a lieu en *m*, à $2^h 30^m$ du matin ; le minimum a lieu en *i*, à $9^h 35^m$ du soir. Les fréquences du maximum et du minimum sont entre elles :: 2 : 1.

130. — Voici maintenant ce que l'observation a fait connaître sur cette pluie d'août. La durée du passage de la Terre dans l'essaim dure plusieurs jours ; et, pendant ce temps, la fréquence des météores augmente graduellement pour diminuer ensuite. Cela prouve que la condensation des corpuscules est plus grande au centre de l'essaim que vers sa périphérie. Mais cette augmentation et cette diminution doivent être graduelles, car on n'a pas signalé, pour le 10 août, une exaltation brusque de fréquence comparable à celles des averses de novembre, en 1865 et 1866.

D'autre part, d'après M. Littrow, l'intervalle qui sépare, *en moyenne,* deux maximum annuels successifs est de $365^j 6^h 10^m$; c'est, à une minute près, la durée de l'année sidérale ; ce qui tend à prouver que, pour cet essaim, le déplacement de la ligne des nœuds de l'orbite est à peine sensible.

Nous allons tirer, des données précédentes, quelques conséquences qui expliqueront certaines irrégularités de la pluie du 10 août. D'ailleurs, pour simplifier tout aussi bien que faute de données précises, *nous supposerons que la distribution des corpuscules dans l'essaim reste la même pendant un certain nombre d'années consécutives.*

131. — Quand la partie la plus dense de l'essaim sera traversée par la Terre, à $2^h 30^m$ du matin, l'observateur, que pour préciser nous supposerons à Paris, sera placé au point *m* de son parallèle. Le maximum de densité coïncidant alors avec le maximum de fréquence relative

diurne, l'observateur constatera un *maximum absolu de fréquence apparente.* A cause de l'intervalle qui sépare deux passages successifs de la Terre dans la partie la plus dense de l'essaim, ces passages auront lieu, les années suivantes, quand Paris occupera sur son parallèle les positions p_1, p_2, p_3, p_4, dont chacune est en avance de 6h 10m sur la précédente. L'heure du maximum diurne ne coïncidera plus avec l'heure du maximum de densité ; et la fréquence apparente des météores sera d'autant plus faible que l'écart sera plus grand. Le minimum des maximum aura donc lieu pour l'année 2, et un nouveau maximum se reproduira pour l'année 4; mais celui-ci sera moins grand que celui de l'année du maximum absolu, parce que le moment du maximum diurne sera en retard de 40 minutes sur le moment du passage dans la partie la plus dense (*).

En continuant ce raisonnement on trouverait que, tous les quatre ans, on devrait constater des *maximum relatifs,* ayant des fréquences apparentes dont les valeurs diminueraient progressivement pour augmenter ensuite à mesure que, par l'avance de quarante minutes pour quatre ans, le point p_3 se serait suffisamment approché de *m;* et l'on arriverait enfin à un autre *maximum absolu,* lors de la coïncidence de ces deux points, ce qui aurait lieu, *au bout de trente-six ans environ* (**). Mais il est bon de remarquer que, pendant cette durée, l'heure du maximum apparent pourrait se déplacer, et se produire pour un observateur

(*) Il est bon de remarquer que des *effets inverses* devraient être constatés par des observateurs situés, sur le parallèle de Paris, vers le 180e degré de longitude. Ces observateurs auraient le maximum vers l'année 2, et le minimum vers l'année zéro.

(**) On verrait encore que, entre ces deux maximum absolus, il doit y avoir des maximum égaux pendant deux années consécutives, et deux minimum égaux pendant les années suivantes.

placé, non pas en m, mais en n. Cela aurait lieu, par exemple, pour un passage dans la partie la plus dense de l'essaim qui répondrait à la position p_n, si, à partir de ce moment, la diminution de la densité était plus rapide que l'augmentation de fréquence apparente due à l'avancement de l'observateur vers le point m.

132. — On voit, par cet exemple, combien, *dans l'hypothèse d'une distribution identique des corpuscules dans l'essaim, les fréquences apparentes pourront cependant varier pendant un grand nombre d'années successives*. La complication serait bien moindre si l'on avait raisonné sur les fréquences à radiation zénithale, déduites des fréquences apparentes observées. Et l'on conclura de là que cette transformation est le seul moyen de tirer, d'observations aussi continues que celles de M. Coulvier-Gravier, par exemple, des notions, sinon précises, du moins pas trop douteuses, sur les *irrégularités de la distribution des corpuscules dans leur essaim*.

133. — En résumé, les exemples de discussion que nous venons de donner, dans ce chapitre, montrent comment, *les différences dans l'élévation du point de radiation, la sérénité plus ou moins complète du ciel, le nombre plus ou moins grand des personnes qui observaient à chaque station, et les irrégularités accidentelles de la distribution des corpuscules dans l'essaim traversé, peuvent servir à expliquer beaucoup d'anomalies apparentes d'observations de fréquences faites, à la même date, dans des lieux éloignés, et qui sont enregistrées dans les annales de la science*, anomalies qui avaient inspiré ces pensées, que des essaims de corpuscules, semblables à des volées d'oiseaux, s'abattaient souvent sur des régions limitées de la Terre, et avaient une prédilection marquée pour l'hémisphère boréal.

CHAPITRE SIXIÈME.

MÉTÉORES SPORADIQUES ET AÉROLITHES. CONJECTURES DIVERSES.

Toutes les études précédentes se rapportent aux essaims de météores périodiques. Nous allons les compléter par quelques explications géométriques relatives aux fréquences diverses des météores sporadiques, et des aérolithes qui, eux aussi, semblent être des phénomènes accidentels; puis nous terminerons par quelques conjectures sur des questions soulevées par les diverses manifestations météoriques.

§ I. — Fréquence variable des météores sporadiques.

134. — M. Coulvier-Gravier et, après lui, d'autres observateurs ont constaté que les étoiles filantes sont plus abondantes dans la seconde moitié de la nuit que dans la première. Pour expliquer ce fait, faisons (Fig. 34) une projection de la Terre sur le plan de l'écliptique. Marquons-y la direction OS du Soleil, et la direction OT de la tangente à l'orbite terrestre. Le grand cercle qui est perpendiculaire à OS sépare l'hémisphère éclairé de l'hémisphère qui est privé de lumière directe, ou sur lequel règnent actuellement la nuit ou le crépuscule. Le grand cercle nOn' divise la Terre en deux autres hémisphères; et, par suite du sens du mouvement de translation de notre globe, l'hémisphère de gauche marche en avant de ce grand cercle, et celui de droite marche en arrière. Enfin un grand cercle mPm', passant par

l'axe de la Terre et le Soleil, divise la Terre en deux autres hémisphères AA' et BB'; et, par suite du sens de la rotation de notre globe, les observateurs qui sont placés dans ces deux hémisphères ont respectivement les heures du matin et les heures du soir; car il est midi ou minuit pour ceux qui sont placés sur le cercle horaire *mPm'*. Or, pendant toute l'année, la plus grande fraction de l'hémisphère AA' fait partie de l'hémisphère qui marche en avant, et *qui va par conséquent à la rencontre des corpuscules cosmiques,* tandis que la plus grande partie de l'hémisphère BB' marche en arrière, et *ne peut être atteint que par ceux qui se dirigent vers lui avec une vitesse convenable.* Donc, *en supposant à tous les corpuscules des directions et des vitesses quelconques,* le premier hémisphère doit en rencontrer un plus grand nombre que le second (*). Mais ce premier correspond aux heures du matin, tandis que l'autre correspond aux heures du soir. Donc *les étoiles filantes devront être plus fréquentes dans la première période que dans la seconde.*

135. — Des considérations du même genre expliquent pourquoi, *dans nos climats,* le phénomène est plus fréquent pendant la seconde moitié de l'année que pendant la première. On voit cela clairement sur la même figure 34, où l'on a représenté des projections, sur l'écliptique, de la Terre placée en différents points de son orbite. En effet, si l'on y considère l'une quelconque des positions de notre globe pendant le second semestre, qui correspond à la partie supérieure de la figure, on constate ceci : tandis que, par le mouvement de rotation de la Terre,

(*) C'est au reste ce que nous avons prouvé, au n° 12 et par les figures 3, 4 et 5, en montrant que les corpuscules à mouvement relatif direct doivent être moins fréquents que ceux dont le mouvement est inverse.

l'observateur décrit le parallèle diurne de sa station, que nous supposons à une latitude nord moyenne, *il séjourne plus longtemps dans l'hémisphère antérieur, qui va au-devant des corpuscules, que dans l'hémisphère postérieur qui les évite. Et le contraire a lieu pendant le premier semestre. Donc on verra moins de météores pendant celui-ci que pendant l'autre; et la différence sera d'autant plus grande que la station de l'observateur sera plus voisine du pôle.*

Cette explication serait confirmée s'il était constaté que, dans l'hémisphère austral, la fréquence des météores est plus grande pendant le premier semestre que pendant le second.

Si, dans ces raisonnements, on avait égard à la durée des nuits et des crépuscules, et à la fréquence plus ou moins grande qui doit résulter, pour l'observateur situé sur l'hémisphère antérieur, de sa position plus ou moins rapprochée du rayon terrestre qui forme la tangente à l'orbite de la Terre, on expliquerait probablement pourquoi, d'après les observations de M. Coulvier-Gravier, le maximum de fréquence a lieu, à Paris, vers trois heures du matin (*).

(*) Ceci avait été, non-seulement écrit, mais même exposé en public avant que nous ayons eu connaissance de l'étude détaillée et très-remarquable de la même question, faite par M. Schiaparelli, directeur de l'observatoire de Milan (voir le *Bulletin de l'observatoire du Collége romain,* ou le journal *les Mondes,* tome XII, page 610). Toutefois, nous n'avons pas la prétention de revendiquer la priorité pour cet aperçu, que nous nous serions dispensé de publier si, d'une part, il ne nous avait pas paru expliquer d'une manière facile à comprendre les différences de fréquence des étoiles filantes, et si, surtout, il n'était pas une introduction presque obligée pour les explications du paragraphe II, sur la fréquence des aérolithes, explications qui, peut-être, ne sont pas dépourvues de nouveauté.

136. Parmi les météores sporadiques, on voit rarement des étoiles filantes dont les directions semblent s'éloigner de l'horizon. On a opposé cette rareté des *étoiles remontantes* à l'hypothèse d'une origine cosmique des météores. Pourtant on peut concilier l'une et l'autre, ainsi que nous allons l'indiquer, mais en laissant au lecteur le soin de développer cette question.

Si l'on se reporte à la figure 28, on voit que, de tous les corpuscules qui marchent vers la Terre, parallèlement à une certaine direction RO, les seuls qui puissent produire des étoiles remontantes, sont ceux qui brillent dans une région du ciel ayant pour diamètre la distance du zénith à leur point de radiation. Or, d'une part, dans cette région, la fréquence apparente des météores est moindre que dans la plupart des autres régions du ciel, et surtout dans celle qui est de l'autre côté du zénith (nº 103). D'autre part, la surface de la première région et, par suite, le rapport des étoiles remontantes aux étoiles tombantes, diminue très-rapidement avec la distance zénithale de la direction considérée; tandis que, en même temps, la fréquence moyenne de toutes les étoiles augmente (nº 98). D'ailleurs, les premières étoiles appellent moins l'attention que les autres, parce que leurs trajectoires sont plus courtes; ce qui tient à ce que ces trajectoires sont vues en raccourci. Enfin, ces étoiles remontantes apparaissent surtout à peu de distance du zénith, ce qui rend leur observation difficile.

Ces explications se rapportent à une direction particulière des corpuscules; mais on peut l'appliquer à toutes les autres, et surtout à celles qui font de petits angles avec la verticale, directions qui fournissent le plus grand nombre des météores. Pour tous ces motifs, on ne doit pas s'étonner de voir rarement des étoiles remontantes parmi les météores sporadiques que l'on observe.

§ II. – Fréquence variable des aérolithes.

137. — D'après M. Coulvier-Gravier *(Recherches sur les météores)*, les nombres d'étoiles filantes, observés à Paris, de midi à minuit et de minuit à midi, sont entre eux comme 1 est à 1,9. Tandis que, d'après le chevalier de Haidinger *(Bulletins de l'Académie royale de Belgique,* t. XXIII), sur 178 aérolithes dont les heures de chute *(en temps local)* ont été constatées, 105 sont tombés de midi à minuit et 73 seulement de minuit à midi (*). Le rapport de ces deux nombres est comme 1 est à 0,7. Quoique les heures consacrées par les humains au sommeil soient un peu plus nombreuses dans la seconde période que dans la première, la différence des rapports de fréquence semi-diurne, pour les aérolithes (1 : 0,7) et pour les étoiles filantes (1 : 1,9), est trop considérable pour que l'on puisse l'attribuer, soit à la cause que nous venons de signaler, soit à la petitesse du nombre des observations d'aérolithes.

138. — D'autre part, d'après M. Coulvier-Gravier *(Recherches sur les météores)*, à Paris, les nombres des étoiles filantes du premier et du deuxième semestre sont entre eux :: 1 : 2,5. D'après les deux catalogues de bolides insérés, par le même auteur, dans les *Annales de physique et de chimie* (tomes XL et LIX), les fréquences semi-

(*) La liste publiée, en 1860, par M. Greg, dans le *Rapport de l'Association britannique,* donnait 58 chutes avant minuit et 13 chutes seulement après. Mais M. Greg avait exprimé les heures de chute en temps de Greenwich et non pas en temps du lieu ; et la position, à l'est de Greenwich, de la plupart des lieux de chutes, devait forcer considérablement le premier chiffre aux dépens du second.

annuelles de ces météores, abstraction faite des journées voisines du 10 août, seraient entre elles :: 1 : 4. D'après Édouard Biot (*Astronomie populaire d'Arago,* tome IV, page 290), les nombres des étoiles filantes observées en Chine, de 960 à 1275, soit depuis le périhélie jusqu'à l'aphélie, soit depuis l'aphélie jusqu'au périhélie, sont entre eux :: 1 : 2,2. Enfin, d'après les listes données dans l'*Astronomie populaire d'Arago* (tome IV, p. 314), les nombres des essaims d'étoiles filantes observés dans le premier et le second semestre, sont entre eux :: 1 : 3.

Tous ces rapports de phénomènes analogues varient entre 1 : 2,2 et 1 : 4. Ils diffèrent considérablement du rapport des nombres de chutes d'aérolithes du premier et du second semestre, nombres qui, d'après le dernier ouvrage cité, tome IV, page 293, sont entre eux :: 1 : 1,1

139. — Cette différence est de même nature que celle que nous avons constatée pour les rapports de fréquence semi-diurnes. Toutes les deux sont trop marquées, pour que l'on ne soit pas conduit à y voir *l'indice d'une différence essentielle dans les allures des deux phénomènes, aérolithes et étoiles filantes.*

Or, s'il est prouvé que le mouvement de translation de la Terre explique la plus grande fréquence des étoiles filantes, pendant la seconde moitié de la nuit et pendant le deuxième semestre, *en partant toutefois de l'hypothèse que les corpuscules qui leur donnent lieu parcourent l'espace dans tous les sens,* on devra conclure, des rapprochements précédents, que *les corpuscules qui produisent les aérolithes n'ont pas des directions quelconques;* mais que, pour eux, les mouvements *apparents directs,* qui peuvent produire surtout les chutes de la soirée et du premier semestre (nos 134 et 135), doivent être plus fréquents, relativement aux *mouvements apparents rétro-*

grades, qu'ils ne le sont pour les autres météores; et, par suite, que *la moyenne des vitesses relatives est plus faible pour les premiers corps que pour les seconds;* car nous avons vu (n° 12) que, pour les mouvements rétrogrades, les vitesses relatives peuvent aller à 72km par seconde, tandis que, pour les mouvements directs, elles ne peuvent pas dépasser 30km.

On ne pourrait pas objecter à cette conclusion que, dans l'hémisphère sud, la fréquence des étoiles filantes devant être plus faible dans le second semestre que dans le premier (n° 135), les fréquences moyennes semi-annuelles des météores, considérés pour toute la Terre, doivent en réalité être à peu près identiques, comme cela est constaté pour les chutes d'aérolithes. Cette objection ne serait pas fondée, parce que la grande majorité des aérolithes ont été observés dans l'hémisphère nord.

§ III. — Conjectures diverses.

140. — Nous venons d'arriver à cette conclusion que, pour les aérolithes, les vitesses relatives doivent, en général, être plus faibles que pour les étoiles filantes. La différence devrait même être très-grande, si l'on en juge par cette remarque que, très-souvent, les bolides qui produisent les aérolithes sont signalés comme ayant une marche très-lente, et par cette autre, que l'enfoncement des aérolithes, dans le sol, ne semble pas être en rapport avec des vitesses de 30 à 72 kilomètres par seconde. Or, cette différence de leurs vitesses peut fournir une réponse à une objection que l'on a souvent opposée à l'identité d'origine des étoiles filantes et des aérolithes.

Si, dit-on, les deux phénomènes sont produits par des corpuscules cosmiques, comment se fait-il que l'on n'ait jamais constaté de chutes de pierres pendant les averses prodigieuses d'étoiles filantes, telles que celles de 1799, de 1833, etc.? Or, on peut expliquer cela par la différence des vitesses dont les corpuscules sont animés, et même sans invoquer une différence de composition chimique, différence qui est pourtant très-probable.

En effet, nous avons vu (nº 22) que, pour les essaims périodiques, le mouvement apparent est en général rétrograde. Par conséquent, leur vitesse relative est excessivement grande (nº 12); et alors la température, qui résulte de la résistance opposée par l'atmosphère à leur mouvement, peut être suffisante pour volatiliser, ou au moins pour réduire en fumée, les substances qui les composent (*). La traînée phosphorescente que la plupart d'entre eux laissent sur leur passage est une confirmation de cette explication.

Pour les corpuscules dont le mouvement relatif est direct, la vitesse est beaucoup moindre; on conçoit alors que l'échauffement produit, par leur passage à travers l'atmosphère, soit insuffisant pour les dissiper en fumée avant qu'ils aient atteint la surface du globe.

141. — Les étoiles filantes ordinaires n'éclatent pas, tandis que beaucoup de bolides à aérolithes éclatent. On pourrait expliquer cette différence en supposant aux premières une nature plus combustible qu'aux seconds; ceux-ci pourraient alors pénétrer dans les couches inférieures de l'atmosphère et y éprouver une résistance capable de les briser. Mais cette différence ne pourrait-elle pas résulter aussi de ce que l'échauffement des étoiles filantes est assez grand pour rendre toute leur masse, soit fluide, soit assez molle pour qu'elle puisse laisser

(*) Voir le mémoire de M. Joule, dans *Philosophical magazine*, 4e série, vol. XXXII, p. 349.

échapper, sans explosion, les gaz qui s'y développent? Tandis que, pour les bolides dont la vitesse modérée, la température serait incapable de les ramollir, tout en étant suffisante pour dégager certains gaz de leurs combinaisons?

142. — Mais arrêtons-nous dans ces conjectures. Aussi bien, en considérant que malgré l'exiguïté de ses dimensions comparées à celles de la sphère ayant pour rayon celui de son orbite, la Terre rencontre un grand nombre d'essaims (*) de corpuscules, tous les astronomes ont dû penser au nombre prodigieux d'essaims qui doit circuler autour du Soleil. De plus, en admettant que les mouvements du plus grand nombre soient paraboliques, ils ont dû concevoir combien leurs densités et leurs vitesses s'accroissent à mesure que l'on s'approche du Soleil. Et si les matériaux, pourtant très-nombreux, que plusieurs fournissent à la Terre, sous forme d'aérolithes, de poussières (**) ou même de vapeurs cosmiques, paraissent être sans influence appréciable sur les deux mouvements de notre globe, on a dû se demander s'il en était ainsi pour les comètes dont la masse est si faible, et même pour Mercure qui, vu sa proximité du Soleil, doit traverser des nuages très-denses composés de corpuscules animés d'une énorme vitesse. En tout cas, les astronomes n'auront pas manqué de remarquer que le

(*) Nous regrettons, mais un peu tard, de nous être laissé entraîner, par l'usage, à nous servir presque toujours de ce mot essaim, qui entraîne presque forcément l'idée de groupement globuleux des corpuscules, et même celle d'une quasi immobilité; tandis que, très-probablement, ainsi que nous l'avons vu (nos 109 à 112 et fig. 30 et 31), ces corpuscules forment des courants étroits et extrêmement allongés, dont les éléments sont animés de grandes vitesses.

(**) N'y aurait-il pas lieu de rechercher si le fer, qui est si abondant dans le diluvium ocreux et dont l'origine est si obscure, ne proviendrait pas de ces poussières?

mode de résistance, opposé par ce *milieu à éléments discontinus*, est tout à fait dissemblable de la résistance d'un *milieu élastique*, dont les molécules glisseraient sur le corps en mouvement, en réagissant sur toutes les molécules qui les environnent.

143. — Les astronomes se sont demandé encore, quelle action peuvent avoir sur les phénomènes météorologiques de notre globe ces essaims de corpuscules, tant ceux que rencontre la Terre, que ceux dans le voisinage desquels nous passons ; les premiers agissant sur les hautes régions de l'atmosphère, soit par la haute température de leur combustion, soit par la vitesse énorme dont ils sont animés et qu'ils doivent communiquer à quelques-unes de ses parties; les seconds n'agissant que comme des écrans, ainsi que nous l'avons fait remarquer au n° 117, soit pour empêcher le rayonnement vers les espaces célestes, soit pour intercepter au passage une partie de la chaleur solaire, etc.

Mais, de ces questions et de tant d'autres que cet objet suggère, un certain nombre ont déjà donné lieu à des travaux très-remarquables; d'autres exigeraient des développements dans lesquels nous craindrions de nous égarer, et qui d'ailleurs auraient des bases trop hypothétiques pour rentrer dans l'ordre des recherches purement géométriques (*) que nous nous sommes proposées dans ce travail.

(*) Nous avons mis tous nos soins à assurer la correction des formules et des calculs que ces recherches renferment. Au reste, cette tâche nous a été bien facilitée par le concours de M. l'abbé Fleck, professeur de mathématiques au grand séminaire de Metz, qui a bien voulu prendre la peine de revoir les épreuves, et qui nous a signalé des fautes qui nous avaient échappé. Nous le prions d'en agréer nos remercîments.

TABLE ANALYTIQUE.

BIBLIOTHÈQUE IMPÉRIALE

INTRODUCTION.

CHAPITRE PREMIER.

CHAPITRE SECOND.

CHAPITRE TROISIÈME.

CHAPITRE QUATRIÈME.

CHAPITRE CINQUIÈME.

CHAPITRE SIXIÈME.

BIBLIOTHÈQUE IMPÉRIALE
IMPR.

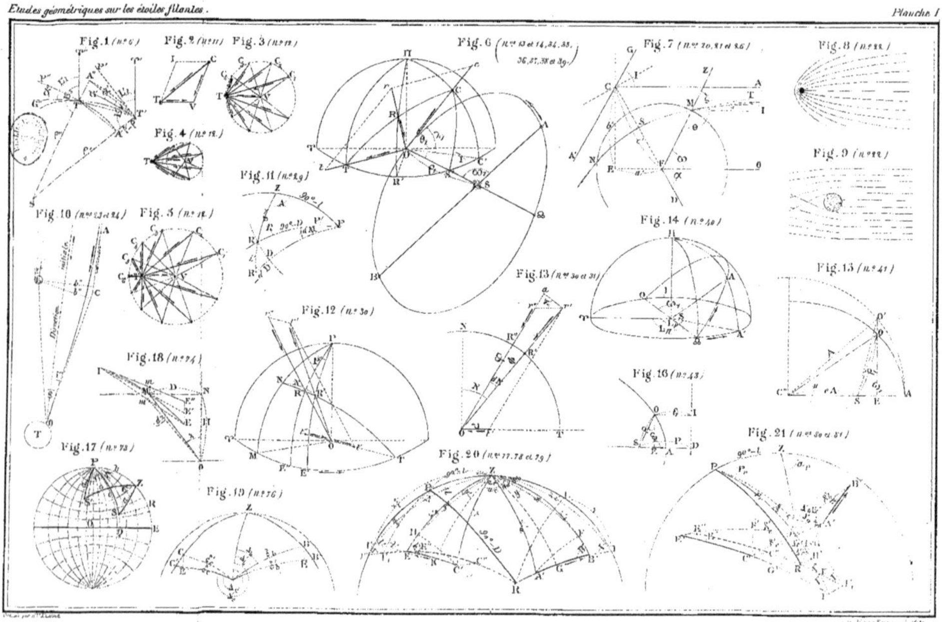

Fig. 1 (n° 6) — Fig. 2 (n° 11) — Fig. 3 (n° 12) — Fig. 4 (n° 12) — Fig. 5 (n° 12) — Fig. 6 (n° 13 et 14, 34, 35, 36, 37, 38 et 39) — Fig. 7 (n° 20, 21 et 26) — Fig. 8 — Fig. 9 — Fig. 10 (n° 23 et 24) — Fig. 11 (n° 29) — Fig. 12 (n° 30) — Fig. 13 (n° 30 et 31) — Fig. 14 (n° 40) — Fig. 15 (n° 41) — Fig. 16 (n° 43) — Fig. 17 (n° 73) — Fig. 18 (n° 74) — Fig. 19 (n° 76) — Fig. 20 (n° 77, 78 et 79) — Fig. 21 (n° 80 et 81)

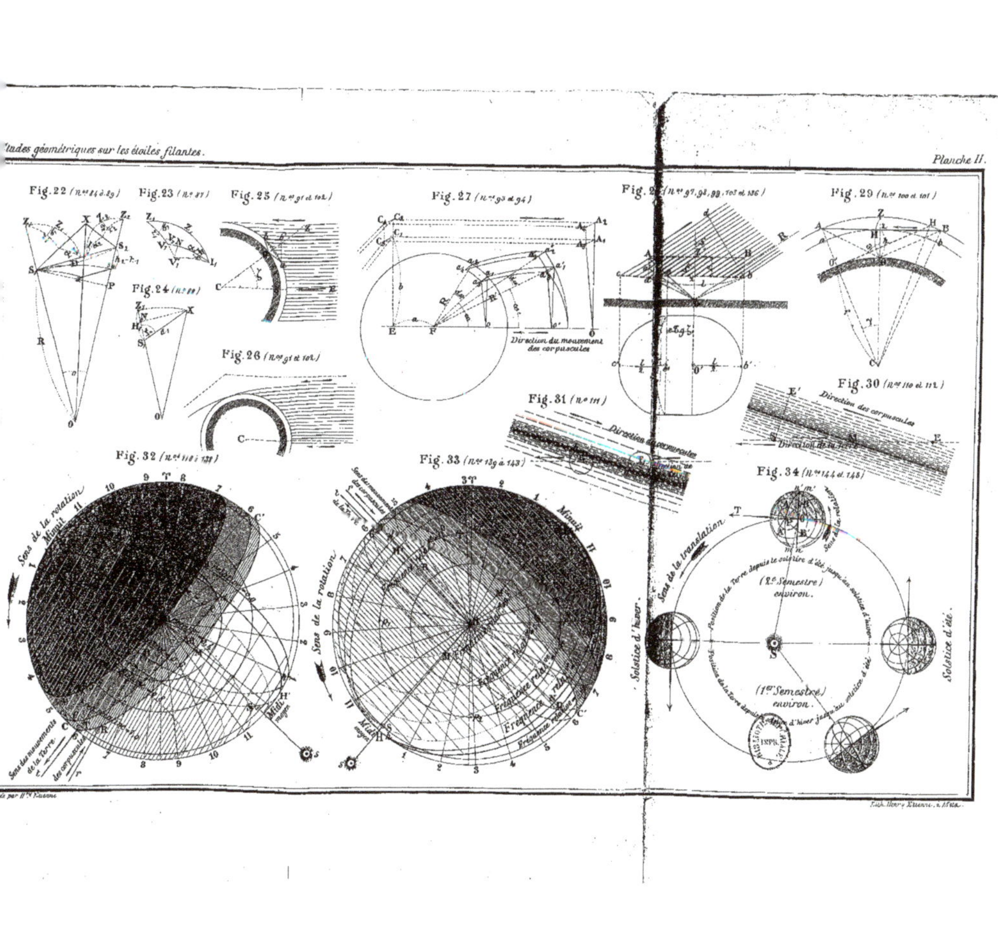
Fig. 22 (nos 84 à 89)
Fig. 23 (no 87)
Fig. 24 (no 88)
Fig. 25 (nos 91 et 102)
Fig. 26 (nos 91 et 102)
Fig. 27 (nos 93 et 94)
Direction du mouvement des corpuscules
Fig. 29 (nos 100 et 101)
Fig. 30 (nos 110 et 112)
Direction des corpuscules
Direction de la Terre
Fig. 31 (no 111)
Fig. 32
Sens de la rotation
Minuit
Midi
Sens des mouvements de la Terre
des corpuscules
Fig. 33 (nos 139 à 143)
Sens de la rotation
Minuit
Fréquence relative
Fig. 34 (nos 144 à 148)
Sens de la translation
Solstice d'hiver
Solstice d'été
(2e Semestre) environ.
(1er Semestre) environ.
Position de la Terre depuis le solstice d'été jusqu'au solstice d'hiver
Position de la Terre depuis le solstice d'hiver jusqu'au solstice d'été

www.ingramcontent.com/pod-product-compliance
Ingram Content Group UK Ltd.
Pitfield, Milton Keynes, MK11 3LW, UK
UKHW022106190726
13855UKWH00002B/679

9 782013 062176